PILZ-
TASCHENATLAS

von

DR. ALBERT PILÁT

Farbtafeln nach Aquarellen von

OTTO UŠÁK

VERLAG WERNER DAUSIEN • HANAU/M.

10 AUFLAGE 1976

Text von Dr. Albert Pilát
Illustrationen von Otto Ušák
Ins Deutsche übertragen von Lucian Wichs

VERLAG WERNER DAUSIEN • HANAU/MAIN
ISBN 3/7684/2480/4
3/02/06/52-10

VORWORT

Pilze sind Organismen, die man für gewöhnlich ins Pflanzenreich einreiht und als blattgrünfreie, durch Sporen sich vermehrende Lagerpflanzen (Thallophyten) definiert. Sie unterscheiden sich jedoch von allen übrigen Pflanzen so wesentlich, daß wir sie heute gleich den Bakterien als eine besondere Gruppe von Organismen ansehen, die genau so alt wie das Pflanzen- und Tierreich ist und parallel zu diesen ihre eigene Entwicklung durchgemacht hat.

Unter der Bezeichnung Pilze versteht die Wissenschaft eine äußerst mannigfaltige und umfangreiche Gruppe von Organismen. Hierher gehören nämlich nicht nur die Pilze in der Bedeutung des allgemeinen Sprachgebrauchs, d. h. Pilze mit großen und fleischigen Fruchtkörpern, sondern auch Tausende und aber Tausende von mikroskopisch kleinen Faulstoffbewohnern, Symbionten und Parasiten, die bei Pflanzen und Tieren Krankheiten erregen und Gärung, Fäulnis sowie andere wichtige chemische Prozesse bewirken, ohne die wir uns das Leben in der Natur gar nicht vorstellen können.

Unser Atlas soll keine wissenschaftliche Einführung in die Mykologie (Pilzkunde) sein, sondern soll vor allem praktischen Zwecken dienen und die Bestimmung der häufigsten eßbaren und giftigen Pilze erleichtern.

Der Taschenatlas bringt auf 80 Tafeln Abbildungen von 94 der in Mitteleuropa verbreitetsten fleischigen Pilze. Sie gehören durchwegs zu den sog. höheren Pilzen, die meisten zur Gruppe der Sporenträger- oder Basidienpilze und einige zur Gruppe der Schlauchpilze. In Mitteleuropa wachsen mehr als 2000 verschiedene Arten von Sporenträgerpilzen und eine noch weitaus größere Zahl von Schlauchpilzen.

Die Lehre von den Pilzen oder die Mykologie ist eine komplizierte und schwierige Wissenschaft. Damit soll aber nicht gesagt sein, daß nicht jedermann die Möglichkeit hätte, einige Dutzend der häufigsten Pilze gut genug kennenzulernen, um seine Küche vom Frühjahr bis in den Herbst mit frischen Pilzen versorgen zu können. Es ist besser, eine kleine Anzahl von Pilzen wirklich zu kennen als eine größere Anzahl oberflächlich. Wir sammeln daher nur solche Pilze, die wir unter allen Umständen mit völliger Sicherheit erkennen. Abnormal entwickelte Pilze und solche, die wir nicht mit Sicherheit erkennen, verwenden wir lieber nicht und setzen unsere Gesundheit nicht aufs Spiel. Pilzvergiftungen sind eine unangenehme und gefährliche Sache.

Da es keine untrüglichen, allgemeingültigen Erkennungsmittel zur Unterscheidung eßbarer und giftiger Pilze gibt, ist der einzige Schutz gegen Pilzvergiftungen die genaue Kenntnis der Pilze, die wir für die Zubereitung in der Küche sammeln. Oftmals wird zwar behauptet, daß Giftpilze beim Salzen gelb werden und ein Silberlöffel bei Berührung mit Giftpilzen schwarz anläuft; diese Behauptungen sind jedoch grundfalsch. Die Farbänderungen werden nicht von den Giftstoffen, sondern von anderen in den Pilzen enthaltenen Substanzen bewirkt. Wenn z. B. ein Silberlöffel im Pilzgericht schwarz wird, so ist das auf Schwefelverbindungen zurückzuführen, die in der Regel nicht giftig sind. Ebenso unrichtig ist auch die weitverbreitete Ansicht, daß alle Giftpilze einen beißenden Geschmack haben. So ist beispielsweise der tödlich wirkende Knollenblätterpilz fast geschmacklos und hat auch keinen charakteristisch unangenehmen Geruch. Nur bei Täublingen kann der beißende Geschmack als Richtschnur zur Unterscheidung der eßbaren von den ungenießbaren Arten dienen. Ich sage absichtlich von den ungenießbaren und nicht nur von den giftigen Arten, da manche scharf schmeckenden Arten ungenießbar, jedoch nicht giftig sind. Auch das blaue Anlaufen des Fleisches beim Anschnitt ist kein Zeichen des Giftpilzes; im Gegenteil, die meisten an der Luft blau verfärbenden Arten sind eßbar. Das Blauen wird durch die Bildung einer Verbindung bestimmter in den Pilzen enthaltener Stoffe mit dem Sauerstoff der Luft hervorgerufen und ist keine Folge der Giftstoffe.

Wir betonen daher noch einmal nachdrücklich:

Sammeln Sie nur solche Pilze, die Sie unbedingt sicher kennen!

Die Anzahl der giftigen Pilzarten ist übrigens nicht sehr groß. Zu den meisten leichten Vergiftungen und Magenbeschwerden kommt es nach dem Genuß von für manche Personen schwer verdaulichen, nichtgiftigen frischen oder alten, bereits von Fäulnis befallenen Pilzen. Manche Personen mit besonders empfindlichem Magen vertragen selbst einwandfreie Pilzgerichte nicht, und es ist daher besser, wenn sie Pilze überhaupt nicht essen. Pilze und Pilzspeisen verderben, vor allem im Sommer, verhältnismäßig sehr schnell.

Die in den Pilzen enthaltenen Stickstoffverbindungen zersetzen sich unter Bildung von Giftstoffen, die dann Pilzvergiftungen hervorrufen. Das bedeutet allerdings nicht, daß man Pilzgerichte nicht aufgewärmt am nächsten Tage genießen kann, wenn man sie — ähnlich wie Fleischspeisen — über Nacht im Kühlschrank aufbewahrt. An heißen Sommertagen soll man Pilzgerichte allerdings nicht auf Vorrat zubereiten.

Bei Pilzen mit abziehbarer Oberhaut ist diese vor dem Zerschneiden zu entfernen. Schmierige Hüte sind ohnehin zumeist durch anhaftenden Schmutz verunreinigt, und die zähe Oberhaut ist schwer verdaulich und von widerlichem Aussehen.

Der Nährwert der Pilze ist außerordentlich gering. Lobreden auf den Nährwert der Pilze, wie man sie alljährlich zur Pilzsaison in Zeitungsartikeln lesen kann, und die die Pilze als „Fleisch, das in den Wäldern wächst" bezeichnen, gehören in das Reich der Fabel. Pilze enthalten viel Wasser. In der Trockensubstanz kann man natürlich verhältnismäßig große Mengen von Stickstoffverbindungen chemisch feststellen, die auf Eiweißstoffe umgerechnet, hohe Werte ergeben. Zum Großteil handelt es sich aber nicht um Eiweißstoffe, sondern um eine dem Chitin, jenem Stoff, der den Insektenpanzer bildet, nahestehende stickstoffhaltige Substanz, die Mykochitin genannt wird. Daß gebratene Käferflügel eine besonders nahrhafte Speise wären, hat bisher noch niemand behauptet. Pilzfasern oder Zellwände, aus denen diese Fasern bestehen, enthalten aber gerade zum größten Teil Mykochitin und nicht ausschließlich Zellulose, wie dies bei höheren Pflanzen der Fall ist.

Die Bedeutung der Pilze als Lebensmittel liegt nicht in ihrem Nährwert, sondern in ihrem Gehalt an Salzen, Vitaminen und aromatischen Stoffen, die die Verdauung fördern und die Speisen schmackhaft machen. Ihrer Zusammensetzung nach kann man die Pilze eher mit Gemüse als mit Fleisch vergleichen. Wenn wir Pilze mit Eiern essen, dürfen wir nicht vergessen, daß Eier und Fett die eigentliche Nahrung bilden und die Pilze nur als Würze dienen.

Pilzvergiftungen sind oftmals sehr ernste und schmerzhafte Erkrankungen. Glücklicherweise geht in der Mehrzahl der Fälle alles gut aus. Der Patient leidet an heftigen Magenschmerzen, verbunden mit Würgen im Hals und Durchfall, aber nach zwei Tagen ist alles wieder in Ordnung. Gewöhnlich empfindet er dann längere Zeit Abscheu vor allen Pilzgerichten. Nur eine einzige, furchtbar giftige Pilzart bewirkt in der Regel tödliche Ver-

giftungen. Es ist das der gefährliche Grüne Knollenblätterpilz, der giftigste Pilz überhaupt. Diesen Pilz sollte jeder Pilzsammler gut kennen.

Die Symptome von Pilzvergiftungen stellen sich zumeist innerhalb von 1—3 Stunden nach dem Genuß des giftigen Pilzgerichts ein. Sie bestehen in Bauchschmerzen, im allgemeinen mit krampfhaftem Brennen und Kratzen im Hals verbunden, großem Durst, Erbrechen und manchmal Erbrechen mit Blut, gegebenenfalls auch in blutigem Durchfall. Bei Vergiftungen mit dem Knollenblätterpilz aber treten die Vergiftungserscheinungen erst 7—40 Stunden nach dem Genuß des verhängnisvollen Pilzes auf, also zu einer Zeit, in der sich das Gift bereits im Blutkreislauf befindet und durch Brechmittel und Entleerung des Magens aus dem Körper schon nicht mehr entfernt werden kann. Den Verlauf der Vergiftung beschreiben wir an anderer Stelle.

Bei jeder Pilzvergiftung muß die Pilzspeise, die die Vergiftung verursacht hat, so schnell wie möglich aus dem Körper entfernt werden. Dem Kranken sind daher sofort — noch bevor der Arzt kommt — Brechmittel zu verabreichen. Der Arzt muß aber auf jeden Fall gerufen werden. Es ist ratsam, das Erbrechen durch Trinken großer Mengen warmen Wassers und durch Kitzeln des Gaumenzäpfchens mit dem Finger oder einer Feder zu bewirken. Nach dem Erbrechen werden dem Kranken Abführmittel, wie z. B. Rizinusöl, verabreicht. Empfehlenswert ist auch ein Klistier mit einer lauwarmen Lösung von weißer Seife. Jedenfalls soll der Patient möglichst viel Flüssigkeiten, vor allem Milch und Wasser zu sich nehmen, um eine Verdünnung der Giftstoffe, die sich in Magen und Darm befinden, zu bewirken. Das beste Mittel ist natürlich das vom Arzt vorgenommene Auspumpen des Magens.

Dr. Albert Pilát

UNSERE GIFTIGSTEN PILZE

Vergleicht man die Anzahl der bei uns wachsenden giftigen Pilze mit den eßbaren und unschädlichen, so kann man feststellen, daß es nur verhältnismäßig wenige Giftpilze gibt. Es wurde daher schon des öfteren die Ansicht ausgesprochen, daß es zweckmäßiger wäre, die Öffentlichkeit in erster Linie mit den Giftpilzen bekanntzumachen, damit jeder Sammler den Giftpilzen ausweicht und so auch die unbekannten eßbaren Pilze sammeln kann. Mit dieser Meinung kann man aber nicht übereinstimmen. Äußerst giftige Pilze gibt es wohl nur wenige; es wachsen aber in unseren Wäldern zahlreiche schwach giftige Pilze und solche, die schwer verdaulich und von schlechtem Geschmack sind. Als Speisepilze können natürlich nur schmackhafte Pilze bezeichnet werden. Die Anzahl wirklich guter, eßbarer Pilze ist jedoch bei weitem nicht so groß, wie dies in manchen populären Pilzbüchern behauptet wird. Deshalb müssen wir, wenn wir uns nicht vergiften wollen, alle Arten von Pilzen, die wir sammeln, genau und einwandfrei nach ihren botanischen Merkmalen unterscheiden können.

Besonders giftige Arten sollte jeder Pilzsammler kennen. Wir erwähnen vor allem den giftigsten Pilz, den Grünen Knollenblätterpilz *(Amanita phalloides)* aus der Familie der Wulstlinge, der jedes Jahr überall, wo er vorkommt, tödliche Vergiftungen verursacht.

Dieser lebensgefährliche Giftpilz hat einen grünen Hut; sein Albino, der Frühlingsknollenblätterpilz, und der mit ihm nahe verwandte Kegelige Knollenblätterpilz *(Amanita virosa)* haben weiße Hüte. Die beiden weißen Spielarten sind aber sehr selten, was ihre Gefährlichkeit in der Praxis stark herabsetzt. Der Grüne Knollenblätterpilz, auch Grüner Wulstling genannt, ist ein sehr schöner Pilz, der in frischem Zustand weder auffallend unangenehm riecht, noch einen beißenden Geschmack hat. Sein Hut ist glatt und nicht mit weißen Warzen bedeckt, die für die meisten Wulstlinge — z. B. den Fliegenpilz — charakteristisch sind, weshalb ihn der Laie oft gar nicht für einen Wulstling hält. Außerdem unterscheidet er sich durch seinen grünen Hut auffallend von dem bekanntesten Wulstling, dem Roten Fliegenpilz.

Ein farbiges Bild dieses verbreiteten und gefährlichen Pilzes sollte in jeder Schule an der Wand hängen. Er sollte auch in jedem Lehrbuch der Naturgeschichte, beginnend mit den niedrigsten Klassen, genau beschrieben und abgebildet sein. Anstelle dieser tödlich giftigen Art aber zeigen die Illustratoren von Kinderbüchern als den gefährlichsten Giftpilz den Roten Fliegenpilz. In Wirklichkeit ist dieser bei weitem weniger gefährlich. Vergiftungen mit dem Roten Fliegenpilz sind in der Regel nicht sehr schwer und haben selten einen tödlichen Ausgang. Als Symbol des Giftpilzes sollte also immer der Grüne Knollenblätterpilz und nicht der dekorativere, aber weniger giftige Fliegenpilz gezeigt werden.

Der Grüne Knollenblätterpilz hat einen bräunlich-gelbgrünen Hut, der zumeist glatt und ohne Warzen ist, oder auf dem nur ein, selten einige unregelmäßige, weiße, häutige Hüllreste kleben. Die Farbe des Hutes variiert ziemlich stark. Manche Exemplare sind olivgrüngelblich, andere olivgraugrün oder blaßgrüngelblich bis fast zitronenfarbig. Der Hut ist in der Mitte dunkler, nach dem Rande zu heller, manchmal fast weißlich. Bei genauerer Betrachtung sieht man, daß er mit dunkleren Fasern geädert ist. Bei feuchtem Wetter ist er klebrig, bei trockenem glänzend und trocken. Bei jungen Pilzen ist der Hut glockenförmig, später breitet er sich aus und ist gewöhnlich schwach gewölbt bis flach; er mißt 7—15 cm im Durchmesser und ist dünnfleischig.

Auf der Unterseite des Hutes befinden sich stets weiße, dichtstehende, ziemlich breite, am Stiel abgerundete Blätter, auf denen sich farblose Sporen bilden. Die Blätter bleiben auch im Alter weiß und nehmen nie eine dunkle Färbung an.

Der Stiel ist verhältnismäßig schlank, länger als der Durchmesser des Hutes. Er ist 5—11 cm lang, 0,8—2 cm stark und verdickt sich am Grunde auffallend zu einer Knolle. Seine Oberfläche ist weiß, gelbgrünlich bis ins Graue spielend. Bei trockenem Wetter zerspringt die dünne Oberflächenschicht zu Schuppen, zwischen denen das weiße Fleisch durchschimmert. In der Jugend ist der Stiel voll, hat aber im Inneren weiches Fleisch, das später immer wattiger wird; in der Reife ist er schließlich — mit Ausnahme seines knolligen, weichfleischigen, unten abgerundeten, kugeligen Unterteils — fast hohl. Er steckt in einer weißen, hohen, zur Hälfte losen, lappigen Scheide, die manchmal aus der Erde hervorragt und bei jungen Exemplaren einen Stich ins Gelbgrüne hat. Auf dem oberen Drittel des Stiels befindet sich ein weicher, schlaffer, dünnhäutiger, weißer oder weißgelblicher Ring, der zuerst von den Blättern undeutlich gerieft und später zumeist glatt ist. In der Jugend schützt er als dünne Haut die Blätter und verbindet den Hutrand mit dem oberen Teil des Stiels. Beim Ausbreiten des Hutes reißt er vom Hutrand ab und bleibt dann am Stiel in Form eines Ringes hängen. Die häutige, teilweise lose Scheide am Stielknollen ist der Rest der Hülle, die den kleinen, eiförmigen Fruchtkörper in der Jugend umgibt. Später reißt die Hülle am Scheitel, und der mit einer schlüpfrigen Haut bedeckte Hut gleitet aus der Hülle heraus. Bei anderen Wulstlingen, deren Hut weniger schlüpfrig und deren Hülle brüchiger ist, bleibt der obere Teil der äußeren Hülle auf dem Hut haften. Dieser Hüllrest, der schon nicht mehr wächst, während der Hut sich ausbreitet, zerreißt in kleine Felder, die dann wie Warzen an der Oberfläche des Hutes kleben. Das sind die bekannten weißen „Tupfen“ auf dem roten Hut des Fliegenpilzes.

Das Fleisch des Grünen Knollenblätterpilzes ist weiß, nur unterhalb der Huthaut ist es von gelbgrünlicher, aber blasserer Farbe als der Hut. Jung ist es fast geruchlos, später riecht es ziemlich unangenehm nach rohen Kartoffeln. Sowohl in der Jugend als auch in der Reife ist es ohne Geschmack. An der Luft bleibt das Fleisch auch beim Zerschneiden weiß. Dieser giftigste aller Pilze ist also weder auffallend gefärbt, noch ändert er seine Farbe beim Zerschneiden oder hat einen beißenden Geschmack oder riecht auffallend widerlich. Er warnt also den unerfahrenen Pilzsammler weder durch sein Aussehen noch durch seine Eigenschaften und ist so ein wirklich heimtückischer Pilz.

Der Grüne Knollenblätterpilz wächst in Laubwäldern, besonders häufig in reinen Eichenwäldern, kommt aber auch in Mischwäldern vor. Man findet ihn vom Sommer bis in den Herbst, am häufigsten nach einem warmen Regen. Sehr selten ist eine albinitische Abart, der Frühlingsknollenblätterpilz (*Amanita phalloides* subsp. *verna*). Dieser hat einen weißen Hut und kann daher von unerfahrenen Pilzsammlern leicht mit dem Champignon verwechselt werden. Einen weißen Hut hat auch der Kegelförmige Knollenblätterpilz (*Amanita virosa*), dessen Hut etwas kegelförmig zugespitzt ist. Der Kegelförmige Knollenblätterpilz ist noch seltener als der Frühlingsknollenblätterpilz. Die beiden weißen Knollenblätterpilze sind ebenso stark giftig wie der Grüne Knollenblätterpilz.

Unerfahrene Pilzsammler, die sich nur von der grünen Farbe leiten lassen, können den Grünen Knollenblätterpilz mit dem Grünling oder mit verschiedenen Arten grüner Täublinge verwechseln, Abgesehen von der grünen Farbe, sehen aber diese Pilze dem Knollenblätterpilz überhaupt nicht ähnlich und haben mit ihm höchstens die Anordnung der Blätter an der Unterseite des Hutes gemein. Ein sehr charakteristisches Erkennungszeichen des Knollenblätterpilzes ist die knollig verstärkte Stielbasis, die in der zur Hälfte losen Scheide sitzt. Um die Knolle gut betrachten zu können, müssen wir den ganzen Fruchtkörper behutsam aus der Erde heben, denn sonst bricht zumeist der Stiel oberhalb der Knolle ab; die Knolle bleibt dann in der Erde, und man übersieht sie leicht. Deshalb sammelt man immer ganze Pilze und läßt nie das Ende des Strunks in der Erde; an ihm finden wir nämlich auch bei anderen Arten charakteristische, für die Bestimmung des Pilzes wichtige Merkmale. Manche Pilzsammler sind davon überzeugt, daß an derselben Stelle bald wieder ein neuer Pilz wächst, wenn sie das Stielende in der Erde lassen. Das ist jedoch ein Aberglaube. Die knollige Stielbasis ist keine Zwiebel, auch wenn sie dieser manchmal ähnlich sieht. Das behutsame Ausgraben des Pilzes verletzt keineswegs das Pilzlager, insbesondere wenn man die kleine Grube, die dabei entsteht, mit Erde oder Moos bedeckt, um das Austrocknen des Pilzlagers an dieser Stelie zu verhindern.

Der Frühlingsknollenblätterpilz oder der Kegelförmige Knollenblätterpilz können von unerfahrenen Pilzsammlern mit dem Champignon verwechselt werden, denn sie sehen ihm — abgesehen vom knolligen Stielende — der Form und dem weißen Hut nach ziemlich ähnlich. Die Knollenblätterpilze haben jedoch auch in der Reife weiße Blätter, während die Blätter des Champignons nur in der

Jugend, solange der Hut kugelförmig geschlossen ist, weiß sind. Sobald sich aber der Hut zu öffnen beginnt und die Haut, die die Blätter verdeckt, vom Hutrande abreißt, beginnen sie sich zu verfärben. Bei einigen Arten sind die Blätter zuerst rosa, bei anderen schmutziglachsrot, bei allen aber später schokoladebraun bis purpurrot und im Alter schwarz. Kein Champignon hat eine so auffallend kugelig-knollige mit einer halbfreien Scheide umgebene Stielbasis wie der Knollenblätterpilz.

Von den verwandten Arten ist der Schwefelgelbe Knollenblätterpilz *(Amanita citrina)* dem Grünen Knollenblätterpilz am ähnlichsten. Er ist jedoch kleiner, sein Hut mißt im Durchmesser 5—8 cm, und seine Farbe ist blaßzitronengelb bis schwefelgelb. Die Farbe bleicht jedoch, insbesondere bei trockenem Wetter, oft aus und ist dann mehr oder weniger weiß. Auf dem Hut befinden sich zumeist niedrige, unregelmäßig verteilte, rissige, weiße, bräunliche oder graue Hüllreste, die leicht vom Regen weggespült werden, so daß der Hut bei regnerischem Wetter oft so glatt wie der des Grünen Knollenblätterpilzes ist. Der Stiel ist verhältnismäßig dünn, schlank, von gleicher Farbe wie der Hut oder etwas heller. Unten verdickt er sich ebenfalls zu einer Knolle; die Scheide ist an der Knolle angewachsen und umsäumt nur ihren oberen Teil in Form eines niedrigen Kragens. Der ganze Pilz riecht bereits in der Jugend unangenehm nach rohen Kartoffeln. Er schmeckt zunächst unauffällig, hinterläßt jedoch nach einer Weile einen unangenehmen Nachgeschmack. Er kommt sehr häufig in Laub- und Nadelwäldern vor und wächst zumeist in größeren Mengen als der Grüne Knollenblätterpilz. Früher hielt man ihn für einen sehr giftigen Pilz, er ist jedoch nur ungenießbar. Oft sieht er dem Grünen Knollenblätterpilz so ähnlich, daß er leicht mit diesem gefährlichen Giftpilz verwechselt werden kann.

Der Knollenblätterpilz enthält eine Reihe von Giftstoffen, die teils zur Gruppe der *Phallotoxine* und teils zur Gruppe der *Amatoxine* gehören. Ihrer chemischen Zusammensetzung nach handelt es sich in beiden Fällen um Zyklopeptide, also um Verbindungen, die durch Ringschluß von Aminosäuren gebildet werden.

Die Phallotoxine wirken in den Zellen der Menschen und Tiere auf das sog. endoplasmatische Retikulum, d. h. auf das Netz, das innerhalb des Zytoplasmas von verschiedenen Kanälchen und Bläschen mit einem Durchmesser von etwa 100 bis 150 nm (— Nanometer, d. h. der tausendmillionste Teil eines Meters oder der millionste Teil eines Millimeters) gebildet wird und das Zytoplasma in zwei Teile, man könnte sagen in einen inneren und einen äußeren Teil, scheidet. Das endoplasmatische Retikulum gehört zu den funktionell wichtigsten Bestandteilen der Zelle, denn auf der Außenseite seiner Membrane befinden sich Gebilde, auf denen die Ribosome, d. s. 15 bis 35 gm große, kugelförmige Partikel liegen, in denen die Eiweißstoffe synthetisiert werden. Die Phallotoxine stören den Ablauf dieses lebenswichtigen Prozesses. Elektronmikroskopische Untersuchungen ergaben, daß von den Phallotoxinen sonderbarerweise nur die Leberzellen angegriffen werden. Das Retikulum dieser Zellen war stark aufgedunsen und erweitert. Zu dieser Dilatation kommt es sehr schnell, bereits 15 Minuten nach dem Genuß der giftigen Pilze. Der erste Giftstoff der Gruppe der Phallotoxine das Phalloidin, wurde im Jahre 1937 von den deutschen Forschern F. Lynen und H. Wieland in kristallinischer Form isoliert. Dann folgte die Auffindung von vier weiteren Giftstoffen dieser Gruppe: des Phalloins, Phallisins, Phallicidins und des Phallin B. Die letale Dosis von Phalloidin beträgt etwa 1 mg/kg Körpergewicht; die Giftigkeit der übrigen Phallotoxine liegt in der gleichen Größenordnung. 100 g frische Knollenblätterpilze (d. s. etwa 5 g trockene Pilze) enthalten etwa 10 mg Phalloidin.

Die Amatoxine sind bedeutend stärkere Gifte als die Phallotoxine. Sie wirken sehr langsam; die ersten Vergiftungssymptome treten erst nach 15 Stunden auf. Der erste zu dieser Gruppe gehörende Giftstoff, das α-Amanitin wurde im Jahre 1941 von H. Wieland und R. Hallermayer isoliert. Später wurden im Knollenblätterpilz noch die Giftstoffe β-Amanitin, γ-Amanitin und Amanin sowie das ungiftige Amanulin festgestellt. 100 g frische Pilze enthalten etwa 8 mg α-Amanitin, 5 mg β-Amanitin und 0,5 mg γ -Amanitin. Eine Dosis von etwa 1 mg/kg Körpergewicht bewirkt den Tod. Der Genuß eines einzigen Knollenblätterpilzes im Gewicht von 50 g (etwa 7 mg Amanitin) genügt daher, um den Tod eines Menschen herbeizuführen. Die Amanitine wirken insbesondere auf die Zellkerne vor allem der Leber und der Nieren und in geringerem Ausmaß auch anderer Organe. Sie verhindern nicht nur die Proteosynthese, sondern wirken sich auch störend auf alle anderen wichtigen physiologischen Funktionen aus, da die Zellkerne durch ihre grundlegende regulierende Struktur Träger der genetischen Informationen sind.

Das vor etwa einem dreiviertel Jahrhundert von dem deutschen Toxikologen Kobert im Knollenblätterpilz entdeckte Phallin löst zwar rote Blutkörperchen auf (Hämolyse), zersetzt sich jedoch im Verdauungstrakt unter dem Einfluß von Proteinasen, so daß es jegliche Giftwirkung verliert. Zum Unterschied von dem oben erwähnten Phallin B wird es manchmal auch als Phallin A bezeichnet.

Verlauf der Vergiftung mit dem Grünen Knollenblätterpilz

Die ersten Anzeichen einer Vergiftung treten 8—12 Stunden nach dem Genuß des Pilzes auf. Es sind aber auch Fälle bekannt, in denen sich die ersten Symptome erst nach 24, ja sogar nach 40 Stunden bemerkbar machten. Das ist aber schon viel zu spät, um das Gift das sich bereits im Blutkreislauf befindet, durch Auspumpen aus dem Magen entfernen zu können. Die ersten Anzeichen der Vergiftung sind Magenschmerzen, kalter Schweiß, Erbrechen und starker, übelriechender Durchfall. Der Bauch ist hauptsächlich in der Magengegend druckempfindlich, die Leber schwillt hart an, Urin wenig oder keiner. Dann lassen die Schmerzen nach, um nach einigen Stunden um so stärker wieder aufzutreten; Anfälle wechseln mit weniger schmerzhaften Perioden ab.

Bei vollem Bewußtsein des Patienten kommt es zu einem schnellen Kräfteverfall, und neue Symptome treten auf: die Herztätigkeit setzt aus, die Gliedmaßen werden kalt, der Puls wird schwach. Nach 2—3 Tagen fällt der Patient in eine tiefe Bewußtlosigkeit (Koma). Der Tod tritt je nach der Konstitution des Patienten und der Menge der genossenen Pilze 5—10 Tage nach dem Verspeisen der Giftpilze ein.

In leichteren Fällen erholt sich der Patient allmählich, aber die Folgen der Erkrankung machen sich noch lange Zeit, oftmals das ganze Leben hindurch bemerkbar. Die Sterblichkeit bei Vergiftungen mit dem Grünen Knollenblätterpilz beträgt ungefähr 55%, einige Ärzte geben aber einen höheren Prozentsatz an. Nach Angaben Dietrichs werden in Deutschland jährlich 80—90 Vergiftungsfälle mit dem Grünen Knollenblätterpilz verzeichnet. Der getrocknete Pilz ist ebenso giftig wie der frische; Dujarric de la Rivière und Garnal haben im Jahre 1938 festgestellt, daß sogar die Sporen des Knollenblätterpilzes stark giftig sind.

Die Behandlung von Vergiftungen mit dem Grünen Knollenblätterpilz oder dem verwandten Frühlingsknollenblätterpilz und Kegelförmigen Knollenblätterpilz gestaltet sich wegen der langen Inkubationszeit außerordentlich schwierig. Brechmittel haben keinen Erfolg und werden nicht empfohlen, da sie nur unnötigerweise den Magen reizen. Sie werden nur dann verabreicht, wenn seit dem Verspeisen der Pilze keine allzulange Zeit verflossen ist, was bei Vergiftungen mit Knollenblätterpilzen sehr selten vorkommt. Hingegen werden Abführmittel empfohlen, um die giftigen Speisereste aus dem Darm zu entfernen.

Dujarric de la Rivière hat im Jahre 1925 im Pasteurinstitut in Paris ein Serum hergestellt, das er durch Impfung von Pferden mit Extrakten giftiger Knollenblätterpilze gewann. Die Heilerfolge dieses Serums haben aber die von den Ärzten gehegten Hoffnungen nicht erfüllt. Auch ist die Haltbarkeit des Serums nicht sehr groß. Es wird auf folgende Weise gewonnen: Der Extrakt des Grünen Knollenblätterpilzes wird in kleinen Dosen in den Körper eines Pferdes injiziert, bis das Tier gegen die im Extrakt enthaltenen Giftstoffe widerstandsfähig geworden ist. Dem so behandelten Tier wird dann Blut abgenommen und daraus das Serum erzeugt.

Im Jahre 1932 veröffentlichte Limousin eine neue Behandlungsmethode. Der Kranke wird mit einem Brei von frischen, gehackten Kaninchenmagen und -hirnen ernährt. Dieser Brei wird aus drei Kaninchenmagen und sieben Kaninchenhirnen hergestellt. Die Methode beruht auf der Feststellung, daß Kaninchen nach dem Verzehren einer beträchtlichen Menge von Grünen Knollenblätterpilzen nicht eingehen. Durch große Mengen dieses Pilzes werden jedoch auch Kaninchen vergiftet. Trotzdem aber enthält der Magen des Kaninchens offensichtlich ein Gegengift, das die Wirkung des im Grünen Knollenblätterpilz enthaltenen Giftes herabsetzt. Da jedoch die Kranken leicht erbrechen und dieser Brei an und für sich widerlich ist, bleibt er zumeist nicht lange im Magen des Patienten. Die Ergebnisse dieser Behandlung sind nicht besonders erfolgreich.

Dr. Josef Herink in Zusammenarbeit mit Dr. J. Kubička hat als erster zur Behandlung von Knollenblätterpilzvergiftungen, die bisher zur Heilung einiger Lebererkrankungen benutzte Thiooct- oder Lipansäure verwendet und dabei gute Erfolge erzielt. Die Thiooctsäure wird dem Kranken in täglichen Dosen von 25—300 mg verabreicht. Gleichzeitig ist dafür zu sorgen, daß die vom Körper in großer Menge ausgeschiedenen Flüssigkeiten und Salze ersetzt werden. Außerdem ist es notwendig, täglich den Stand der Transaminasen im Blut zu untersuchen, um den Grad der Vergiftung festzustellen und sich zu überzeugen, ob es sich tatsächlich um eine Vergiftung mit Knollenblätterpilzen handelt. Im Jahre 1958 gelang es in Prag mit Hilfe dieser Behandlung, einem 19jährigen Mädchen, das 1½ Hüte junger Knollenblätterpilze genossen hatte, das Leben zu retten, obwohl die Patientin am 5. Tag nach dem Genuß der Pilze in ein durch die angegriffene Leber verursachtes, 5 Tage andauerndes Koma versank. Im Jahre 1962 wurde ein 19jähriger Jüngling, der 10 Fruchtkörper dieses heimtückischen Pilzes genossen hatte, gerettet. Von 40 Vergiftungen mit dem Knollenblätterpilz wurden 39, d. i. volle 97,5% der behandelten Personen gerettet. In den Handel kommen vor allem nachstehende Thiooctsäure-Präparate: Thiooctsäure-Homburg, resp. Thiiotacid, Hersteller Homburg-Chemiewerke, BRD; Tioctidase, Hersteller Instituto sieroterapeutico Italiano, Neapel; Tioctan, Hersteller Fujisawa Pharmaceutical Co. Ltd., Osaka, Japan.

Die Thiooctsäure, ein Bestandteil des Vitamin-B-Komplexes, wird aus Leber und Hefe gewonnen. In chemischer Hinsicht ist diese Verbindung 6,8-Diothiooctansäure (bzw. 5-/1', 2'-Dithiolan-3'-yl/petansäure). Sie bewirkt als Oxydationskatalisator die Entkarboxilierung von α-Ketosäuren und besitzt als Verbindung mit einer aktiven SH-Gruppe eine erhebliche detoxierende Wirksamkeit. Darüber hinaus weist sie auch eine Reihe anderer pharmakologischer Eigenschaften auf: Sie erhöht wesentlich die Leberfunktion, mindert metabolische Störungen und beeinflußt günstig den psychischen Zustand des Patienten.

Das Schicksal des Kranken hängt in erster Linie von seiner subjektiven Widerstandsfähigkeit gegen die Gifte des Knollenblätterpilzes und von der Menge der genossenen Pilze ab.

Wissenschaftler aus dem Kreise von Prof. Th. Wieland isolierten an der Universität in Frankfurt (Main) aus dem Knollenblätterpilz ein spezielles Pepsid, das die toxische Wirkung der Phallotoxine und Amatoxine aufhebt, wenn es gleichzeitig mit dem Genuß von Knollenblätterpilzen oder kurz nachher verabreicht wird. Aus 125 kg Knollenblätterpilzen wurden 25 mg dieses Pepsids, das die Bezeichnung Antamanid erhielt, gewonnen. Um 5 mg/kg Phalloidin unwirksam zu machen, brauchte man bei weißen Mäusen 0,5 mg/kg Antamanid, also ein Zehntel des Giftstoffes. Gegen Amanitine muß eine etwa zehnmal stärkere Konzentration verwendet werden. Antamanid wird heute synthetisch hergestellt. Es könnte präventiv in Fällen verwendet werden, in denen Zweifel darüber besteht, ob die genossenen Pilze tatsächlich ungiftig waren. Die spätere Verabreichung von Antamanid ist leider kaum wirksam, weil die erwähnte Biostruktur unterdessen durch die Giftwirkung meist bereits zu stark gestört wurde. Die Verabreichung von Glukosen durch den Verdauungstrakt oder auf parenteralem Wege (durch intravenöse Injektionen) kann den Krankheitsverlauf lediglich mildern und ist nur dann wirksam, wenn die Menge des genossenen Giftes nicht die tödliche Dosis erreicht.

Beschreibung der abgebildeten Pilze

1. Speisemorchel

Bundmorchel, Mauracherl, Maurich

Morchella esculenta (L. ex FR.) PERS.

eßbar

Der Fruchtkörper besteht aus Stiel und Hut, die miteinander verwachsen sind. Der Hut überragt kaum den Stiel; er ist 3—7 cm hoch und 3—5 cm breit, eiförmig-kugelig, an der Oberfläche (der Fruchtschicht) blaßockergelb und mit Längs- und Querleisten verziert, die unregelmäßige, rechteckige, in unzusammenhängenden Reihen ziemlich ungleichmäßig verteilte, zellenartige Felder bilden. Der Stiel ist 3—9 cm lang und 2—3 cm dick, weiß bis blaßgelblich oder auch ins Bräunliche übergehend, hohl, leicht brüchig und zartfleischig, am Grunde etwas verdickt und faltig verbogen, feinflaumig. Die Fruchtschicht, die den Hut des Fruchtkörpers bedeckt, besteht aus fadenförmigen Paraphysen, die 7—8 μ dick und am Ende keulenförmig (bis zu 12 μ) verstärkt sind, und aus 300—350 μ langen und 15—17 μ starken Schläuchen, die je acht Sporen enthalten. Die ellipsoiden Sporen sind farblos, 18—24 $\times$ 10—12 μ.

Vorkommen und Verbreitung. Ein wichtiger Frühjahrspilz. Er wächst im April und Mai vor allem nach warmem Regen an grasigen, zumeist schattigen Stellen (in Gärten, Feldern, Gräben u. ä.). In einer Reihe verschiedener Formen, die von einigen Forschern als besondere Arten betrachtet werden, kommt er nicht nur in Mitteleuropa, sondern überall in der nördlichen gemäßigten Zone und in Australien vor.

Praktischer Wert. Schmackhafter Speisepilz. Es ist jedoch ratsam, vor der Zubereitung die zerschnittenen Pilze mit heißem Wasser abzubrühen. Die Speisemorchel, ebenso wie vier andere Morcheln (die Halbfreie, Spitz-, Dickfüßige und Hohe Morchel), wird auch auf Märkten angeboten.

2. **Riesenlorchel**

Blasse Frühjahrslorchel
Gyromitra gigas (KRBH.) COOKE
Helvella gigas (KRBH.)
nach Abbrühen eßbar

Der folgenden Art (Frühlingslorchel) sehr ähnlich, unterscheidet sie sich von dieser jedoch durch die hellere, ockerbraune Farbe des Hutes und durch unterschiedliche Anordnung der Falten. Ihr Fruchtkörper ist in der Regel (nicht immer) größer als der der Frühlingslorchel, weshalb sie auch Riesenlorchel heißt. Der Hut erreicht nicht selten einen Durchmesser von 20 cm und ist im Umriß zumeist kugelförmig; seine Falten sind verhältnismäßig stumpf. Der Stiel ist ziemlich kurz, nur 3—6 cm lang und an allen Stellen gleich dick, weißlich, feinflaumig und an den Hut festgewachsen. Die 30—40 × × 12—14 μ großen Sporen sind farblos, länglich-ellipsoid und haben an beiden Enden warzenförmige Anhängsel. Durch die Form der Sporen unterscheidet sich die Riesenlorchel wesentlich von der Frühlingslorchel, deren Sporen keine Warzen haben und eher den Sporen der Familie der Scheibenpilze *(Discina)* ähnlich sehen.

Vorkommen und Verbreitung. Zeitig im Frühjahr, vor allem in feuchten und hellen Laubwäldern, aber auch außerhalb des Waldes. In Europa ist sie verhältnismäßig selten. Sie wurde zuerst von Krombholz an Hand von Exemplaren aus der Umgebung Prags beschrieben.

Praktischer Wert. Guter Speisepilz. Es wird jedoch empfohlen, ihn vor der Zubereitung zu zerschneiden und abzubrühen und nur junge, frische Exemplare zu sammeln.

3. Giftlorchel

Frühlingslorchel, Lauerchen, Laurich, Stockmorchel

Gyromitra esculenta (PERS. ex FR.) FR.

Helvella esculenta PERS.

giftig

Der Hut (Durchmesser 2—8 cm) ist kastanien- bis schwarzbraun, selten heller (bekannt ist auch eine ganz weiße Form — var. *alba* Pilát), zumeist rundlich oder auch eckig-knollenartig, manchmal mit teilweise abstehenden Lappen, an der Oberfläche hirnartig gewunden, innen weiß und hohl, am Stiel festgewachsen. Der 3—7 cm lange und 1,5—3 cm starke, hohle Stiel hat oft grubenförmige Vertiefungen und ist außen weiß oder gelblich und innen weiß. Die farblosen Sporen haben seitlich zwei Öltröpfchen und sind von kurzer ellipsoider Form, 18—24 × 8—14 μ.

Vorkommen und Verbreitung. Zeitig im Frühjahr, oft bereits im März, häufiger im April und Mai (je nach der Witterung), in Wäldern aller Art, vorzugsweise aber in sandigen Kiefernwäldern. Die Frühlingslorchel ist in der ganzen nördlichen gemäßigten Zone verbreitet.

Praktischer Wert. In vielen Pilzbüchern wird die Frühlingslorchel als eßbar bezeichnet. Sie ist jedoch nicht ungefährlich. In rohem Zustand ist sie giftig, wenn auch nicht gleichermaßen für jeden Organismus. Manche Menschen reagieren auf das Gift der Frühlingslorchel besonders stark. Es wurden bereits viele schwere und auch tödliche Vergiftungen nach dem Genuß dieses Pilzes verzeichnet. Worin aber die eigentliche Ursache der Vergiftungen besteht und warum diese so zufällig auftreten, konnte bisher nicht einwandfrei geklärt werden. Als Ursache der Giftigkeit wurde früher die in der Giftlorchel vorkommende Helvellasäure angenommen. Die Helvellasäure wird jedoch durch das Kochen zerstört. Es gibt schließlich auch noch eine andere Theorie. Die Fruchtkörper der Lorchel wachsen verhältnismäßig langsam und erhalten sich lange scheinbar frisch in der Natur. Es besteht daher die Möglichkeit, daß sich ältere Fruchtkörper und in erster Linie die in ihnen enthaltenen Eiweißstoffe zersetzen und Giftstoffe bilden. Aber auch dies ist eine Vermutung, die nicht bewiesen ist. Die Frühlingslorchel kann also keineswegs zum Essen empfohlen werden.

4. Gemeiner Kartoffelbovist

Dickschaliger Kartoffelbovist, Deuwelsmehlsack, Giftiger Kugelpilz, Hartbovist, Katzenei, Sandtrüffel, Schwewwelschwamm

Scleroderma aurantium (L.) ex PERS.

Scleroderma vulgare HORN. et FR.

giftig

Der kugelig-knollenförmige Fruchtkörper dieses Pilzes ist ungestielt und sitzt daher auf dem Boden, in dem er mit einem Bündel von oftmals etwas lappigen Myceliensträngen verankert ist. Sein Durchmesser ist 3—10 cm. Oben ist er ein wenig (manchmal nierenförmig) eingedrückt. Die Oberfläche des Kartoffelbovists wird von einer 1,5—4 mm dicken, zähen und lederartigen Rinde (Peridie) gebildet, die in der Jugend gelblich oder schmutzigweiß, später schmutzigockergelb bis ockerbraun ist. In der Reife zerspringt die obere Hälfte schuppenförmig oder in warzige Felder, während die untere Hälfte meist fast glatt bleibt. Das Innere des Fruchtkörpers, die Fruchtmasse oder Gleba, ist in der frühen Jugend weiß, später grünlich oder gelblichweiß; bald wird sie jedoch von den heranreifenden Sporen violettschimmernd rußschwarz gefärbt und von zarten weißen Fasern des unfruchtbaren Gewebes aderförmig durchzogen. Die reife Fruchtmasse zerfällt nach dem Trocknen in grünlichgrauen Porenstaub, der beim Zerreißen der Hülle oder wenn Insekten Löcher in sie gebohrt haben, entweicht. Die kugeligen Sporen haben einen Durchmesser von 7—12 μ und sind warzig genetzt und fast undurchsichtig schwarz.

Vorkommen und Verbreitung. Häufig auf sandigem und steinigem Boden, Heide, trockenen Abhängen u. ä. m. von Juli bis in den Herbst. Der Kartoffelbovist ist nicht nur in Europa, sondern in der ganzen nördlichen gemäßigten Zone und auch in Nord- und Südafrika beheimatet.

Praktischer Wert. In kleineren Mengen wird er als Gewürz verwendet und ist unschädlich. Er eignet sich infolge seines würzigen, an die echte Trüffel erinnernden Geschmacks als Würze für die Zubereitung von Fleischspeisen und Wurstwaren. Gesammelt werden lediglich ganz junge Pilze, die innen noch weiß oder nur wenig schwarz verfärbt sind. Die harte Hülle wird abgeschält und das Innere in dünne Scheiben geschnitten und schnell getrocknet. Außer dem Dickschaligen Kartoffelbovist wachsen in Mitteleuropa noch einige andere ihm sehr ähnliche Arten, die der praktische Pilzsammler kaum voneinander unterscheidet. Bei reichlichem Genuß ruft der Pilz Vergiftungserscheinungen hervor.

5. **Flaschenbovist**

Birnenstäubling, Bubenforz, Flaschenstäubling, Nonnefürzli, Warzenstäubling, Würziger Staubbuff

Lycoperdon perlatum PERS.
Lycoperdon gemnatum BATSCH
schmackhafter Speisepilz

Fruchtkörper birnenförmig, 4—8 cm hoch, weiß. Die äußere, verhältnismäßig feste Hülle, in der sich ähnlich wie in einem Beutel die Fruchtmasse, die sog. Gleba, befindet, ist mit warzenförmigen, leicht abbrechbaren Stacheln besät. Die Fruchtmasse ist bei jungen Pilzen weiß und wird später gelb bis olivgelb und wässerig weich. In der Reife trocknet der ganze Fruchtkörper aus, und sein Inneres verwandelt sich in Staub, der eine Unmenge von runden, leicht warzigen, olivbraunen Sporen mit einem Durchmesser von nur 3,5—4,5 μ enthält. Am Scheitel des birnenförmigen Fruchtkörpers entsteht dann eine kleine Öffnung, aus der die Sporen als Staub entweichen. Wenn wir im Wald auf einen trockenen Fruchtkörper des Flaschenstäublings treten, so steigt eine ockerfarbige, gelbbraune Staubwolke auf, die der Wind in alle Richtungen trägt. Der untere, etwas stilartig verlängerte Teil des birnenförmigen Fruchtkörpers enthält keine Sporen.

Vorkommen und Verbreitung. Sehr häufig in Wäldern aller Art, vor allem in Nadelwäldern von Juni bis zum Frost. Der Flaschenbovist wächst gesellig, manchmal auch in Büscheln und Nestern.

Praktischer Wert. Der Flaschenbovist gehört zu den köstlichsten Speisepilzen, wird aber nur selten gesammelt. Auf diese Weise geht eine große Menge dieses ausgezeichneten Nahrungsmittels verloren. Den Flaschenbovist sollte jeder, auch der beginnende Pilzsammler, kennen, denn er ist leicht erkennbar, und es ist kein Unglück, wenn er mit einem ähnlichen oder verwandten Stäubling verwechselt wird, denn alle seine Artgenossen sind eßbar und von gleich gutem Geschmack. Gesammelt werden nur junge Pilze, die innen weiß und verhältnismäßig fest sind. Sie können frisch verwendet oder getrocknet werden. Sie werden gereinigt, in Scheiben geschnitten und möglichst rasch getrocknet. Der Flaschenbovist ist verhältnismäßig wenig aromatisch, aber sehr wohlschmeckend, so daß er den Speisen auch in größeren Mengen zugesetzt werden kann, als wir dies bei anderen Pilzen gewohnt sind.

Zur Verwandtschaft des Flaschenbovists gehört u. a. auch der **Riesenbovist** oder **Riesenstäubling** (*Lycoperdon giganteum* BATSCH EX PERS.), dessen Fruchtkörper wie eine Kugel aussieht und die Größe eines Fußballs oder auch eines großen Krautkopfs (bis 35 cm Durchmesser) erreicht. Oft wiegt ein Fruchtkörper auch einige kg. Der Pilz wird am besten in ungefähr 1 cm dicke Scheiben geschnitten, gesalzen, in Mehl, Ei und Semmelbröseln paniert und in heißem Fett gebacken. Der so zubereitete Pilz schmeckt wie gebackenes Kalbshirn.

6. Stinkmorchel

Aasmorchel, Eichelpilz, Gichtmorchel, Hexenei, Satyr, Teufelsei

Phallus impudicus L. ex PERS.

ungenießbar

Wenn wir an warmen Sommertagen durch den nach Blumen und Harz riechenden Wald gehen, so trägt uns plötzlich der Wind einen Leichengeruch zu. Es scheint, als würde irgendwo in der Nähe die Leiche eines größeren Tieres verwesen. Wenn wir dem Geruch folgen, so kommen wir bald zu einem Pilz, der seinem Äußeren nach einer Morchel ähnlich sieht. Sein Hut ist in der Regel von Fliegen belagert, die den olivgrünen, auf seiner Oberfläche haftenden, nach Aas stinkenden Schleim lecken. Bei näherer Betrachtung des merkwürdigen Pilzes sehen wir, daß der Hut auf einem walzenförmigen Stiel sitzt, der aus einer eiförmigen Scheide hervorwächst. In der Nähe befinden sich für gewöhnlich auch einige junge Fruchtkörper. Sie haben ebenso wie die Stäublinge, mit denen die Stinkmorchel aber nicht verwandt ist, die Form weißer Eier. In diesem Stadium wird der Fruchtkörper im Volksmund auch Hexenei genannt. Von den Stäublingen unterscheidet sich das Hexenei jedoch deutlich dadurch, daß man unter der äußeren Hülle eine gallertartige Masse und in dieser wiederum einen festen Korper tastet. Zerschneidet man dieses eigenartige, weiße, ungefähr 5—6 cm große „Ei", so findet man, daß die äußere Hülle von zwei Häuten gebildet wird, zwischen denen sich eine dicke gallertartige Schicht befindet. Im Innern des Hexeneis befindet sich der keimende Stiel, das sog. Receptakulum, das rasch wächst und dann wie eine Feder schnell hervorschießt, die äußere Hülle zerreißt und am oberen Ende die blaugrüne Gleba heraustragt, die in der Reifezeit zerfließt. Solange die junge Stinkmorchel im „Ei" ist, stinkt sie nicht. Die übelriechende Flüssigkeit enthält eine große Menge von sehr kleinen ellipsoiden Sporen. Sie sind fast so klein wie Bakterien und nur 3,5 μ lang und 2 μ breit.

Vorkommen und Verbreitung. Gesellig auf Feldern, Wiesen und in Gärten von Mai bis in den Herbst. Die Stinkmorchel ist über die ganze nördliche gemäßigte Zone verbreitet und kommt auch in Südamerika, Java, Ceylon und Japan vor.

Praktischer Wert. Solange der Pilz jung und eiförmig ist, ist er genießbar, aber wohl kaum verlockend.

7. Rötlicher Korallenpilz

Hahnenkamm

Clavaria botrytis FR.

Ramaria botrytis (FR.) RICKEN

eßbar

Die fleischigen Fruchtkörper sind 7—15 cm hoch und 6—20 cm breit, weiß, später ockerfarbig, an den Zweigspitzen lebhaft weinrot. Der Hauptstamm ist sehr fleischig (3—4× 1,5—6 cm), weiß, später gelblich und verzweigt sich in mehrere stärkere Äste, die sich ihrerseits wiederum korallenartig-unregelmäßig in zahlreiche zarte, aufrechte, in Spitzen endende, weinrote Ästchen teilen. In der Reife verliert sich die rote Farbe, und der ganze Fruchtkörper — mit Ausnahme der Zweigspitzen, die für gewöhnlich bräunlich sind — bekommt dann vom Sporenstaub eine einheitliche blaßockergelbe Färbung. Das Fleisch ist ziemlich mürbe und saftig und im Alter von etwas bitterem Geschmack. Die Sporen sind blaßockerfarbig, an der Oberfläche mit undeutlichen Längs- und Querstreifen versehen, was ihnen ein netzartiges Aussehen verleiht, und sind 11—15× 3,5—5 μ groß.

Vorkommen und Verbreitung. Im Sommer und Herbst in Laub- und Nadelwäldern ziemlich häufig. Der Rötliche Korallenpilz ist über die ganze nördliche gemäßigte Zone verbreitet. In Nordamerika kommt er jedoch selten vor.

Praktischer Wert. Speisepilz mittlerer Güte. Vor der Zubereitung sind die Zweigspitzen abzuschneiden, da sie meist bitter sind.

8. Schöner Korallenpilz

Bitterkoralle, Dreifarbiger Ziegenbart, Schöner Ziegenbart
Clavaria formosa FR.
Ramaria formosa (FR.) RICKEN
ungenießbar

Die zahlreich verzweigten Fruchtkörper sind 8—20 cm hoch und 6—15 cm breit. Der untere Teil des Strunks ist zumeist fleischig, 2—3 cm dick, weiß, bald jedoch lachsrosa; er teilt sich in zahlreiche, ebenfalls rosa bis orangefarbene Äste, die in der Reife von den lehmgelben Sporen eine ockergelbe Farbe annehmen. Die Ästchen sind an den Enden gegabelt oder gezahnt, bleichen jedoch bald aus. Das Fleisch ist weiß, oft rosa angehaucht und schmeckt ein wenig bitter, aber nicht unangenehm. Sporen ellipsoid, etwas rauh, manchmal edoch fast glatt, ockergelb, 9—12× 4—5 μ.

Vorkommen und Verbreitung. Häufig im Sommer und Herbst in Laubwäldern. Er wächst für gewöhnlich gesellig und kommt in der ganzen nördlichen gemäßigten Zone und in Australien vor.

Praktischer Wert. Ein nicht besonders guter Pilz, der bei empfindlicheren Personen Magenbeschwerden hervorruft und zuweilen abführend wirkt. Er kann daher zum Essen nicht empfohlen werden.

9. Echter Ziegenbart

Bärentatze, Blumenkohlpilz, Feisterling, Henn, Judenbart, Krause Glucke
Sparassis crispa (WULF. ex FR.) FR.
vorzüglicher Speisepilz

Großer Pilz, dessen Fruchtkörper im Umriß kugelig, 8—20 cm hoch und 6—30 cm breit ist und ein Gewicht bis zu 6 kg erreicht. Er verzweigt sich zu blattartigen, gekräuselten Ästen, die auf beiden Seiten von der Fruchthaut bedeckt sind. Seinem Aussehen nach erinnert der Pilz an einen braungelb gefärbten Kohlkopf. Die Zweige sind zunächst fast weißlich, bald jedoch ockergelblich und im Alter bräunlich und von den Sporen orangefarbig bestäubt. Das Fleisch ist weiß, faserig elastisch, von angenehmem, stark anisartigem Geruch; es schmeckt nach Nüssen und hinterläßt einen leicht beißenden Nachgeschmack. Sporen kurz-ellipsoid, 6—7×4—5 μ.

Vorkommen und Verbreitung. Im Sommer und Herbst an oder in der Nähe von Nadelbäumen (Kiefern, Tannen, Fichten), in deren Wurzeln und Stämmen das Myzelium schmarotzt. Die Krause Glucke kommt stellenweise in der ganzen nördlichen gemäßigten Zone, vom Tiefland bis ins Hochgebirge, vor.

Praktischer Wert. Vorzüglicher Speisepilz, der auf jede für Pilze geeignete Art zubereitet werden kann und immer gut schmeckt. In Laubwäldern wächst eine ihm nah verwandte Art, die **Breitblättrige Glucke** *(Sparassis laminosa)*, die durch blassere und stärkere Äste gekennzeichnet ist. Auch diese Art ist eßbar. Die Fruchtkörper beider Arten können lange Zeit frisch erhalten werden, wenn man sie mit dem Strunk nach unten in eine Schüssel mit Wasser legt und im Keller aufbewahrt. Von größeren Exemplaren kann man dann von Zeit zu Zeit Stücke für den Küchenbedarf abschneiden.

10. Totentrompete

Füllhorn, Herbsttrompete, Schwarzrecherl

Craterellus cornucopioides (L. ex FR.) PERS.

eßbar

Der trichter-röhrenförmige Fruchtkörper ist 5—12 cm lang und oben 5—8 cm breit, innen braunschwarz, in trockenem Zustand etwas heller. Der Form nach sieht er einem mit der Spitze in die Erde gestecktem Kuhhorn ähnlich. Oben ist er breit geöffnet und am Rande gewellt. Die äußere von der Fruchtschicht bedeckte Seite ist graubraun und bläulich bereift, glatt, später etwas gerunzelt und uneben.

Das Fleisch ist fast schwarz, dünn, knorpelig, brüchig und von angenehmem Geruch, Sporen eiförmig, 12—15× 7—8,5 μ, farblos.

Vorkommen und Verbreitung. Im Sommer und Herbst, zumeist in Laubwäldern, insbesondere unter Buchen und Eichen. Die Totentrompete ist über die ganze nördliche gemäßigte Zone verbreitet und wächst auch in Südaustralien.

Praktischer Wert. Trotz seines düsteren Aussehens und seiner fast schwarzen Farbe, die beim Kochen völlig schwarz wird, ist dieser Pilz eßbar und sehr schmackhaft. Um sein nicht einladendes Aussehen nicht vor Augen zu haben, wird er meistens getrocknet, zu Pulver zerstoßen und als Gewürz verwendet. Oft kommt er in großen Mengen auf einem Platz vor, so daß sich das Sammeln dieses Pilzes lohnt. Sein Aussehen ist so charakteristisch, daß auch weniger erfahrene Pilzsammler ihn leicht erkennen.

11. Habichtspilz

Hirschling, Hirschschwamm, Rehfellchen
Hydnum imbricatum L. ex FR.
Sarcodon imbricatus (L. ex FR.) KARST.
eßbar

Der graubraune bis umbrafarbige, im Durchmesser 6—20 cm große Hut ist oben ziemlich flach, später trichterförmig vertieft und mit abstehenden, großen, braunen Schuppen bedeckt. Nach unten verjüngt sich der Hut in der Regel kegelförmig zu einem kurzen (3—6 cm × × 1—3 cm) graubraunen Strunk. Die Unterseite des Hutes ist dicht mit Stacheln besät, die von der Fruchtschicht bedeckt sind. Die Stacheln laufen bis zum Stiel herab und bilden eine fellartige zusammenhängende Schicht; sie sind 5—10 mm lang, zuerst weißlich, bald jedoch grau bis graubraun und im Alter dunkelbraun. Sporen kugeligkantig, unter dem Mikroskop hellgelbbraun, 5,5—7× 5—6 μ.

Vorkommen und Verbreitung. Im Sommer und Herbst, häufig in Nadelwäldern. In manchen Gegenden ist dieser Pilz reichlich zu finden, in anderen kommt er selten vor. Er ist in der ganzen nördlichen gemäßigten Zone beheimatet.

Praktischer Wert. Junge Fruchtkörper sind eßbar, aber nicht besonders schmackhaft; ältere sind zäh und bitter. Am besten werden die Pilze getrocknet, zu Pulver zerstoßen und als Gewürz verwendet. Da der Habichtspilz stellenweise in großen Mengen auftritt und gut den Transport verträgt, kommt er in manchen Gegenden häufig auf den Markt.

12. Semmelstoppelpilz

Semmelpilz, Woazrecherl

Dentinum repandum (L. ex FR.) S. F. GRAY

Hydnum repandum L. ex FR.

eßbar

Hut 3—15 cm im Durchmesser, ocker-sahnenfarbig bis orangefarbig (bei trockenem Wetter etwas ausgeblaßt), selten dunkler bis rostfarbig, verhältnismäßig fest und dickfleischig, gewölbt, später fast flach und lappig verbogen, im Umriß zumeist ziemlich unregelmäßig, fast kahl, aber von zartsamtigem Aussehen und flockig bereift. Der 2—7 cm lange und 0,5—2 cm starke, walzenförmige, am Grunde in der Regel etwas verdickte und zumeist exzentrische Stiel ist voll, weißlich oder cremefarbig und oft mit Rostflecken bedeckt. Die mit Stacheln besetzte Unterseite des Hutes ist von der Fruchtschicht überzogen. Die Stacheln sind anfangs kurz und von blaßgelblicher Farbe; dann werden sie etwas länger und nehmen die Farbe des Hutes an. Das Fleisch ist fast weiß bis weißlich gelb. Es riecht angenehm und schmeckt etwas säuerlich. Sporen farblos, fast rund, ziemlich glatt, undeutlich netzartig verziert, 7,5—10 $\times$ 7—8 μ.

Vorkommen und Verbreitung. Der Semmel-Stoppelpilz wächst reichlich im Sommer und Herbst in Laub- und Nadelwäldern der ganzen nördlichen gemäßigten Zone.

Praktischer Wert. Eßbar, jedoch ziemlich zäh und daher schwer verdaulich.

13. **Schafeuter**

Schafporling

Albatrellus ovinus (SCHAEFF. ex FR.) KOTL. et POUZ.

Caloporus ovinus (SCHAEFF. ex FR.) QUÉL.

eßbar

Der Hut des verhältnismäßig fleischigen Pilzes mißt 5—10 cm im Durchmesser und ist auf der Oberseite von weißlicher bis gelblicher oder graugelblicher Farbe, zumeist rund, selten von regelmäßiger Form, oft gekrümmt und etwas lappig, bei trockenem Wetter in schuppenartige Felder zersprungen. Der Rand des Hutes ist zuerst eingerollt, weiß und etwas filzig. Röhren reinweiß, kurz (1—2 mm), mit sehr kleinen Poren (0,15—0,2 mm) und im Alter mit einem Stich ins Zitronengelbe. Stiel manchmal in der Mitte des Pilzes, manchmal exzentrisch, ziemlich unregelmäßig und höckerig, eher kurz, 1—3 cm dick, weiß und voll. Fleisch weiß, bei trockenem Fruchtkörper gelblich. Sporen kurz, eiförmig, 3,4—5× 3,5 μ.

Vorkommen und Verbreitung. Sehr häufig in Gebirgs-Nadelwäldern der ganzen nördlichen gemäßigten Zone; in den am Atlantischen Ozean gelegenen Gebieten Europas und in Nordamerika kommt er aber selten vor.

Praktischer Wert. Eßbarer Pilz minderer Qualität. Er ist zäh und ziemlich schwer verdaulich, auch sein Geschmack ist nicht hervorragend. Lediglich getrocknete und zu Pulver zerstoßene Pilze werden zum Würzen von Speisen verwendet.

14. Semmelpilz

Semmelporling

Albatrellus confluens (ALB. et SCHW. ex FR.) KOTL. et POUZ.

Caloporus confluens (ALB. et SCHW. ex FR.) QUÉL.

eßbar, aber nicht schmackhaft

Der Semmelpilz ist der vorhergehenden Art sehr ähnlich, wächst aber in dichteren Büscheln, so daß die Hüte der einzelnen Fruchtkörper oftmals zu einem brotlaibähnlichen Busch von 10—15 cm Durchmesser zusammenwachsen. Die Oberfläche des Hutes ist semmelgelb mit einem Stich ins Rötlich-Fleischfarbige, oft auch rotbräunlich oder ockerfarbig. Röhren und Poren sind weiß. Das Fleisch ist ebenfalls weiß und verfärbt sich beim Trocknen leicht rötlich oder roströtlich, niemals aber lebhaft gelb, wie das Fleisch des Schafporlings (Nr. 13). Der Pilz schmeckt meist nach einer Weile etwas säuerlichbitter, nicht besonders angenehm. Sporen kurz, eiförmig, 4,5—5 × 3—3,5 μ.

Vorkommen und Verbreitung. Der Semmelpilz wächst in Nadelwäldern des Gebirges oft gesellig in großen Mengen; in manchen Gegenden jedoch fehlt er vollständig. Er ist in der ganzen nördlichen gemäßigten Zone und in Australien beheimatet.

Praktischer Wert. Eßbarer Pilz minderer Qualität. Da er schwer verdaulich ist, wird er in größeren Mengen zum Essen nicht empfohlen.

15. Goldröhrling

Goldgelber Lärchenröhrling, Schöner Röhrling

Suillus elegans (SCHUM. ex FR.) SNELL

Ixocomus elegans (SCHUM. ex FR.) SING.

ausgezeichneter Speisepilz

Hut 4—15 cm im Durchmesser, goldgelb, orangefarbig-gelbbraun oder zitronengelb, in der Jugend fast rund, dann gewölbt, oft stumpfbuckelig, im Alter ziemlich flach, mit klebriger, kaum bis zur Hälfte abziehbarer Oberhaut (nur bei alten Pilzen kann die Oberhaut abgezogen werden). In der Jugend sind Hutrand und Stiel mit einem gelblichen Schleier verbunden, der oben am Stiel einen angeklebten Ring hinterläßt; in der Reife verschwindet der Ring oftmals ganz und gar. Die Röhren sind schmutzig-zitronengelb, graugelb, später oft mit einem Stich ins Olivenfarbige; bei Druck laufen sie insbedondere in der Jugend schmutzigrosa bis braun an. Der Stiel ist 4—12 cm lang und 1—2,5 cm dick, walzenförmig zitronen- bis goldgelb, unterhalb des Ringes meist bräunlich. Das Fleisch ist zitronengelb, verfärbt sich beim Zerschneiden schmutzig und riecht und schmeckt angenehm. Sporen 7—10 × 3—4 μ.

Vorkommen und Verbreitung. Der Goldröhrling wächst im Sommer und Herbst immer unter oder in der Nähe von Lärchen, und zwar nur an Stellen, bis zu denen die Wurzeln der Lärche, mit denen er in Symbiose lebt, reichen. Er ist in Europa, Nordamerika, Nordafrika und Australien beheimatet.

Praktischer Wert. Ein ausgezeichneter Speisepilz, der auf jede geeignete Art zubereitet werden kann. Die zumeist schmutzige Oberhaut wird vor der Zubereitung abgezogen.

16. Butterpilz

Butterröhrling. Föhrenschwamm, Kieferling, Schafhäuterl, Schälpilz, Schleimchen, Schmerling

Suillus luteus (L. ex FR.) S. F. GRAY

Ixocomus luteus (L. ex FR.) QUÉL.

Boletus luteus FR.

ausgezeichneter Speisepilz

Hut 4—12 cm im Durchmesser, schokolade- bis gelbbraun, manchmal bis olivgelb oder gräulich, schmierig-schleimig, anfangs halbkugelig, später ziemlich flach polsterförmig ausgebreitet, manchmal buckelig, im trockenen Zustand radialfaserig gestreift. Die Oberhaut ist leicht abziehbar; in der Jugend sind Stiel und Hutrand durch einen weißen Schleier verbunden, der die auf der Unterseite des Hutes befindlichen Röhren verdeckt und am Stiel einen Ring hinterläßt. Die Röhren sind zitronen- bis goldgelb und in der Reifezeit bräunlich; sie lassen sich leicht vom Fleisch des Hutes trennen. Stiel 3—11 cm lang, 1—2,5 cm stark, blaßgelb, nach unten zu bräunlich, unterhalb des Hutes zitronengelb. Ring in der Reife zumeist schmutzigbräunlich, manchmal mit einem leichten Stich ins Violette. Fleisch weißlich, später gelblich, von schwachem, aber angenehmem Geruch und Geschmack. Sporen 7—10,5× 3—3,5 μ.

Vorkommen und Verbreitung. Der Butterröhrling wächst vor allem in Kiefern-, seltener in anderen Nadelwäldern vom Tiefland bis hoch ins Gebirge. Man findet ihn meistens unter Kiefern verschiedener Art, mit denen das Myzelium in Symbiose lebt. Er ist in der ganzen nördlichen gemäßigten Zone beheimatet.

Praktischer Wert. Ausgezeichneter Speisepilz, der auf jede für Pilze geeignete Art zubereitet werden kann. Die Oberhaut muß vor der Zubereitung abgeschält werden.

17. **Körnchenröhrling**

Rotzling, Schälpilz, Schmerling
Suillus granulatus (L. ex FR.) O. KUNTZE
Ixocomus granulatus (L. ex FR.) QUÉL.
Boletus granulatus FR.
ausgezeichneter Speisepilz

Hut 5—10 cm, gelblich bis ockerrötlich, mit bräunlichem oder rostfarbenem Schleim bedeckt, glatt, bei trockenem Wetter leicht glänzend, anfangs gewölbt, später polsterförmig ausgebreitet, mit leicht abziehbarer Oberhaut. Die kurzen Röhren sind blaß- bis schmutziggelb und scheiden bei feuchtem Wetter milchige Tröpfchen aus, nach deren Eintrocknen Körner an den Röhrenmündungen und an der Stielspitze zurückbleiben. Der walzenförmige Stiel ist verhältnismäßig kurz, 4—5 cm lang und $1^1/_2$ cm dick, blaßgelb, der obere Teil weiß, später bräunlich getüpfelt. Das Fleisch ist gelblich und butterweich. Sporen ellipsoidspindelförmig, 9—10× 2,5—3,5 μ.

Vorkommen und Verbreitung. In Kiefernwäldern an lichteren Plätzen, Waldrändern, Waldwegen u. ä. m. in der ganzen nördlichen gemäßigten Zone und in Australien.

Praktischer Wert. Guter Speisepilz, der auf verschiedene Arten zubereitet werden kann. Er sieht dem Butterpilz ähnlich und unterscheidet sich von ihm vor allem durch den lebhaft gelbrot gefärbten Hut und durch das Fehlen des Ringes.

18. Pfefferröhrling

Suillus piperatus (BULL. ex FR.) O. KUNTZE
Ixocomus piperatus (BULL. ex FR.) QUÉL.
eßbar

Schmächtiger Pilz mit einheitlich gefärbtem, wie mit blassem Reif bedecktem, bei Feuchtigkeit schmierigem, bei trockenem Wetter glattem und glänzendem, 2—6 cm großem Hut. Röhren rostbraun mit engen, in der Jugend fast rostbraunen Mündungen. Stiel walzenförmig, verhältnismäßig dunn, 3—6 cm lang, 0,4—1 cm stark, ziemlich zäh, gelbbraun und unten gelb. Das braungelbliche Hutfleisch ist weich und schmeckt scharf nach Pfeffer. Sporen spindeligwalzenförmig, 10—14× 3—4 μ.

Vorkommen und Verbreitung. Zumeist gesellig in Wäldern, insbesondere Nadelwäldern, vorzugsweise unter Fichten-Niedergehölz. Häufiger, im Sommer und Herbst in der ganzen nördlichen gemäßigten Zone wachsender Pilz.

Praktischer Wert. Der Pilz hat einen beißenden, aber nicht unangenehmen Geschmack und findet in der Küche, gemischt mit anderen Speisepilzen, Verwendung. Da er wenig ausgiebig ist und in größeren Mengen nur gleichzeitig mit anderen fleischigeren und besseren Speisepilzen vorkommt, ist seine praktische Bedeutung gering.

19. Sandpilz

Hirsepilz, Sandröhrling

Suillus variegatus (SW. ex FR.) O. KUNTZE

Ixocomus variegatus (SW. ex FR.) QUÉL.

eßbar

Der im Durchmesser 5—12 cm große Hut ist ganz von einem blassen Filz bedeckt, der beim Wachsen des Hutes in dunklere, faserige Schuppen zerreißt. Später verschwinden die Schuppen, der Hut wird kahl und graugelb bis blaßorangefarbig; im Alter bekommt er dann eine gelbbraune bis orangegelbe Farbe und bleicht oft strohgelb, zuweilen mit einem Stich ins Rötliche aus. In der Jugend ist er halbkugelig, später flach polsterförmig, ziemlich dickfleischig. Die zumeist kurzen Röhren sind anfangs fahlgelblich oder blaßorange, werden aber bald grüngelb bis olivenfarbig und laufen bei Verletzungen bläulich an. Der Stiel ist zitronengelb bis ockerfarbig, am Grunde in der Regel bräunlich oder auch rötlich, fast glatt und nur unten etwas filzig, anfangs ziemlich bauchig, später fast walzenförmig, 3—9 cm lang und 2,5—4 cm dick. Fleisch gelblich bis blaßorange, im oberen Teil des Stiels zitronengelb, im unteren eher braun, beim Zerschneiden blaugrün verfärbend. Sporen 8—11 × 3,3—4 μ.

Vorkommen und Verbreitung. Vor allem im Herbst sehr häufig in sandigen Nadel-, insbesondere Kiefernwäldern. Man findet ihn in der ganzen nördlichen Zone.

Praktischer Wert. Ein Speisepilz mittlerer Güte, der sich in erster Linie zum Einlegen in Essig eignet.

20. **Rotfußröhrling**

Rotfüßchen

Xerocomus chrysenteron (BULL. ex MERAT) QUÉL.

Boletus chrysenteron BULL. ex MERAT

eßbar

Hut 3—7 cm im Durchmesser, dunkelbraun bei Fruchtkörpern, die im Herbst wachsen, hellbraun und felderig zerrissen bei solchen, die im Sommer wachsen, anfangs halbkugelig gewölbt, dann polsterförmig ausgebreitet, mit matter und trockener, an das Hutfleisch fest angewachsener Oberhaut. Von Schnecken angefressene Stellen sind purpurrot verfärbt. Röhren blaßgelb, später gelbgrün, oftmals auch mit einem Stich ins Olivenfarbige, bei Druck schmutziggrün anlaufend. Stiel verhältnismäßig dünn (7—17 mm), gelb oder braungelb und gewöhnlich auf der oberen Hälfte, manchmal aber auch an der ganzen Oberfläche, rötlich. Fleisch gelb oder blaßgelb, später fast weißlich, unten im Stiel schmutzigrot, an der Schnittfläche blau verfärbend. Sporen 13—5 $\times$ 4—5 μ.

Vorkommen und Verbreitung. Sehr häufig im Sommer und Herbst in Wäldern aller Art, zumeist jedoch in Nadelwäldern. Der Rotfußröhrling wächst in der ganzen nördlichen gemäßigten Zone und in Australien.

Praktischer Wert. Speisepilz mittlerer Qualität, da er sehr weiches Fleisch hat, das leicht von Schimmel befallen wird. Er sieht der Ziegenlippe ähnlich, die sich von ihm jedoch durch die lebhaft gelbe Farbe der Röhren unterscheidet.

21. **Ziegenlippe**

Filzröhrling, Gäsemaul, Mooshäuptchen

Xerocomus subtomentosus (L. ex FR.) QUÉL.

Boletus subtomentosus L. ex FR.

schmackhafter Speisepilz

Hut 3—10 cm im Durchmesser, braun in verschiedenen Farbabstufungen von hell- bis dunkelbraun, fast samtig, trocken und matt, mit an dem Fleisch festgewachsener Oberhaut, bei trockenem Wetter manchmal in Felder aufgeteilt, niemals aber so stark und auffällig gerissen wie der Hut des Rotfußröhrlings. Röhren lebhaft goldgelb, im Alter mit einem Stich ins Grüne bis Braune, bei Druck nicht verfärbend, mit verhältnismäßig großen Mündungen (Poren). Stiel walzenförmig, 1½—2 cm dick, ockergelb bis gelbbraun, manchmal feinkörnig-flockig, glatt oder mit wenig hervortretenden, sich kreuzenden Rippen verziert. Das Fleisch ist verhältnismäßig fest, jedenfalls von bedeutend festerer Konsistenz als das des Rotfußröhrlings, im Hut fast weiß, im Stiel gelblich, verändert beim Zerschneiden kaum die Farbe und riecht schwach, aber angenehm nach Obst. Sporen 12—14× 5—5,5 μ.

Vorkommen und Verbreitung. Hauptsächlich in Laub-, vor allem Eichenwäldern im Sommer und Herbst. Sehr häufig in der ganzen nördlichen gemäßigten Zone.

Praktischer Wert. Guter, auf verschiedenste Art verwertbarer Pilz. Junge und feste Hüte kann man in Essig einlegen. Die Ziegenlippe ist ein sehr veränderlicher Pilz, und die Mykologie unterscheidet daher verschiedene Abarten.

22. Maronenröhrling

Braunhäuptchen, Frauenschwamm, Graspilz, Marienpilz, Schafschwamm, Tannenpilz
Xerocomus badius (FR.) KÜHNER et GILBERT
Boletus badius FR.
schmackhafter Speisepilz

Hut 4—15 cm im Durchmesser, kastanienbraun, seltener fahl- oder rotbraun, jung filzig, im Alter kahl werdend, bei feuchtem Wetter schlüpfrig und glänzend, halbkugelig bis polsterartig ausgebreitet, ziemlich fleischig. Die verhältnismäßig langen Röhren sind blaßgelb bis gelbgrünlich, im Alter mit einem Stich ins Grüne oder Olivenfarbige und laufen bei Verletzungen blaugrün an. Der Stiel ist bei jungen Pilzen etwas bauchig, später walzenförmig, 4—12 cm lang und 0,8 cm dick, auf blasserem, olivgelblichem Grund bräunlich längsfaserig gestreift und fein geflockt, oft ganz braun, aber heller als der Hut, bei Druck verfärbend. Fleisch weißlich, dann blaßgelblich, in der Jugend ziemlich derb, im Alter weich, für gewöhnlich verhältnismäßig stark blauend; nur vertrocknete Fruchtkörper verändern die Farbe nicht. Sporen 12—16× 4,5—5,5 μ.

Vorkommen und Verbreitung. Im Herbst und Winter hauptsächlich in Nadel-, seltener in Laubwäldern. Der Maronenpilz ist in der ganzen nördlichen gemäßigten Zone beheimatet.

Praktischer Wert. Guter Speisepilz, der in der Küche allseitige Verwendung findet, obwohl er natürlich nicht von so köstlichem Geschmack wie der Steinpilz ist.

23. Gelber Birkenröhrling

Leccinum nigrescens (RICHON et ROZE) SING.
Krombholzia tessallata (GILL.) R. MAIRE
schmackhafter Speisepilz

Hut 5—20 cm in Durchmesser, anfangs blaßolivgelb, später gelbbraun oder hellkaffeebraun bis schmutzigdunkelbraun, verhältnismäßig dickfleischig, kurz- und dichtfilzig, in der Reife für gewöhnlich in Felder aufgeteilt. Die ziemlich langen Röhren sind anfangs zitronengelb, später olivgelblich, manchmal ein wenig rötlich, bei Druck braun anlaufend. Der schlanke, 5—20 cm lange, unten spindelförmig zugespitzte, 1,5—2 cm dicke Stiel ist blaßzitronengelblich, im Alter weißlich und schmutzig, auf der oberen Hälfte ist er längsgefurcht und gerippt und mit rauhen, gleichfarbigen Schuppen besetzt, die bei trockenem Wetter eine dunklere Farbe annehmen. Fleisch blaßzitronengelb, beim Anschnitt zuerst rot, dann schwarz, manchmal mit einem Stich ins Blaue anlaufend. Sporen 12—19× ×6—8 μ.

Vorkommen und Verbreitung. Der Gelbe Birkenröhrling bevorzugt wärmere Gegenden und kalkreichen Boden; er wächst von Juni bis September hauptsächlich in Eichen-, seltener auch in anderen Laubwäldern.

Praktischer Wert. Erstklassiger Speisepilz.

24. **Rothäuptchen**
Frauenschwamm, Rotdecke, Rotkäppchen, Rotkappe
Leccinum aurantiacum (BULL. ex FR.) S. F. GRAY
Boletus versipellis FR.
schmackhafter Speisepilz

Hut 4—15 cm im Durchmesser, orange- bis braunrot, im Alter teilweise ausgeblaßt, anfangs halbkugelig, dann polsterförmig ausgebreitet, trocken und feinfilzig, mit schmaler nach der Röhrenschicht umgeschlagener Haut. Röhren weiß oder weißlich, lang. Stiel voll, ziemlich fest und schlank, weiß bis graulich, mit flockigen Schuppen bedeckt, die zunächst weiß und später rötlich bis bräunlich sind. Das Fleisch ist weiß und geht an der Luft ins Graublaue und schließlich ins Braunschwarze über. Sporen 13—17×4—5 μ.

Vorkommen und Verbreitung. Im Sommer und Herbst vorwiegend unter Espen in Laubwäldern oder auch unter einzeln stehenden Espen in der ganzen nördlichen gemäßigten Zone.

Praktischer Wert. Guter Speisepilz, allgemein gesammelt und beliebt. Beim Kochen wird er schwarz.

Dem Rothäuptchen steht der **Orangegelbe Röhrling** (*Leccinum testareo-scabrum* (SECR.) SING. nahe, der einen gelborangefarbenen Hut hat, dessen Schuppen am Stiel schon in der Jugend schwarz sind und dessen Röhrenmündungen von Jugend an grauolivenfarbig sind. Sein Fleisch verfärbt sich an der Luft weinrotbläulich. Es ist ebenso wohlschmeckend wie das des Rothäuptchens. Praktische Pilzsammler unterscheiden diese zwei Arten kaum voneinander. Der Orangegelbe Röhrling wächst besonders unter Birken. In Nadelwäldern, finden wir das **Nadelwald-Rothäuptchen** (*Leccinum vulpinum* WATLING) mit rotbraun gefärbtem Hut.

25. (1–4) Birkenpilz

Aspenpilz, Birkel, Fahlkappe, Geißpilz, Grashaxe, Grassemännl, Grauhendl, Kapuziner, Pfaffenkopf, Rotzling

Leccinum scabrum (BULL. ex FR.) S. F. GRAY
Krombholzia scabra (BULL. ex FR.) KARSTEN
Boletus scaber (FR. ex BULL.)
Boletus leucophaeus (PERS. sensu R. MAIRE)
schmackhafter Speisepilz

Hut 5—15 cm im Durchmesser, braungrau bis schwarzbraun (selten weiß), bei feuchtem Wetter etwas schlüpfrig, glatt oder kaum wahrnehmbar runzelig, zuerst halbkugelig, später polsterartig ausgebreitet, in der Reife weichfleischig. Röhren anfangs weißlich, später graulich bis grau. Die Röhrenschicht ist in der Reifezeit nach unten ausgebaucht. Der 8—17 cm lange, nach unten sich allmählich, oftmals bis zu 2,5 cm, verdickende Stiel ist von weißgrauer Farbe und mit vielen dunkleren, grauschwärzlichen, abstehenden Schuppen bedeckt. Im Alter ist er ziemlich faserig und zäh. Das anfangs weiße Fleisch wird später weißgrau; es bleibt an der Luft fast unveränderlich oder verfärbt sich nur schwach rosa oder graurosa. Sporen 14—18× 5—6 μ.

Vorkommen und Verbreitung. Der Birkenpilz wächst im Spätsommer und hauptsächlich im Herbst unter Birken. Er kommt überall in der nördlichen gemäßigten Zone sehr häufig vor. Praktische Pilzsammler unterscheiden den Birkenpilz zumeist nicht von dem Weißbuchenröhrling (Nr. 26).

Praktischer Wert. Insbesondere junge Pilze sind gut und schmackhaft. Ältere Exemplare haben zumeist einen schwammigweichen und wässerigen Hut und einen holzigen Strunk.

26. (5–7) Weißbuchenröhrling

Leccinum rugosum (FR.) PILÁT
Krombholzia rugosa (FR.) PILÁT
Leccinum duriusculum (SCHULZER ap. FR.) SING.
Leccinum griseum (QUÉL.) SING.
sensu SING.

schmackhafter Speisepilz

Hut 4—14 cm im Durchmesser, gelbbraun oder grau- bis schwarzbraun, zumeist runzelig-uneben, bei trockenem Wetter oft rußschwarz und in Felder zerrissen, trocken und nicht schlüpfrig. Röhren weißlich, später gelblichgraulich und schließlich trüb olivgelbgraulich, bei Druck grau bis schwarz verfärbend. Stiel 5—13 cm lang, unten des öfteren ein wenig bauchig angeschwollen, oben oft runzelig, auf weißlichem Grund fast schwarz getupft, bei Druck schwarz verfärbend. Fleisch weißlich bis schwach gelblich, an der Schnittfläche schnell rosa anlaufend und dann ins Grauviolette bis Schwarze übergehend. Sporen 10—20× 5—7 μ.

Vorkommen und Verbreitung. Der sehr verbreitete Pilz wächst von Juli bis in den Herbst unter Weißbuchen, seltener auch unter andern Laubbäumen. Im Sommer findet man viel häufiger den Weißbuchenröhrling als den Birkenpilz, der hauptsächlich im Herbst auftritt. Pilzsammler unterscheiden diese beiden Arten zumeist nicht voneinander.

Praktischer Wert. Ebenso schmackhafter Speisepilz wie der Birkenpilz, nur daß er beim Zerschneiden stärker verfärbt.

27. Dickfußröhrling

Bitterschwamm, Blauhäutling, Judaspilz, Roßpilz, Schönfußröhrling

Boletus calopus FR.

Boletus pachypus FR.

ungenießbar

Hut 3—15 cm im Durchmesser, hellbraun bis dunkelgrünlichbraun, halbkugelig, mit verhältnismäßig stark eingerolltem Hutrand, trokken, nicht schlüpfrig, feinfilzig, später glatt, ziemlich derbfleischig. Röhren anfangs zitronengelb, später grünlicher, an der Schnittfläche blaugrün anlaufend. Stiel in der Jugend bauchig, dick und fest, in der Reife walzenförmig, von schöner roter Farbe, nur an der Spitze gelb und am Grunde schmutzigrot. Die Oberfläche des Stiels ist mit einer feinen, unterhalb des Hutes auf gelbem Grunde weißlichen Netzzeichnung verziert. Die Netzmaschen werden nach unten größer und langgestreckter und verlieren sich schließlich am unteren Ende des Strunks. Das weißliche bis blaßgelbe, an der Schnittfläche ziemlich schnell grünblau anlaufende, unten am Stiel schmutzigrötliche Fleisch riecht nach Pilzen und schmeckt zuerst süßlich, dann gallebitter, Sporen 12—16× 4,5—5,5 μ.

Vorkommen und Verbreitung. Das Revier des Dickfußröhrlings ist der Nadelwald. Man findet ihn hauptsächlich im Gebirge, seltener im Tiefland von Juli bis Oktober.

Praktischer Wert. Ein gallebitterer, ungenießbarer Pilz, der wohl nicht ausgesprochen giftig, aber von so widerlichem Geschmack ist, daß er empfindlichere Personen zum Brechen reizt, Wenn man das Wasser, in dem der Pilz gekocht wird, abseiht, ist der Dickfußröhrling wohl genießbar, aber keinesfalls wohlschmeckend. Er gehört zu den schönsten Pilzen unserer Wälder und wird von unerfahrenen Pilzsammlern manchmal mit dem eßbaren Flockenstieligen oder Netzstieligen Hexenpilz verwechselt. Diese beiden eßbaren, blau anlaufenden Arten haben aber auf der Unterseite des Hutes lebhaft rote Röhrenmündungen, während die Röhrenmündungen des Dickfußröhrlings zitronengelb sind. Wenig bewanderte Pilzsammler halten ihn oftmals für den giftigen Satanpilz.

28. **Satanspilz**
Jaunpilz, Kuhfotzen
Boletus satanas LENZ
giftig

Hut 6—25 cm im Durchmesser, auffallend hell gefärbt, grauweißlich, blaßgrünlich, manchmal mit einem Stich ins Grüne, trocken, etwas buckelig verbogen, dichfleischig. Röhren gelbgrünlich, beim Aufschneiden blaugrünlich anlaufend; Röhrenmündungen (Poren) karminrot. Die Unterseite des Hutes ist daher ebenfalls karminrot, bleicht jedoch im Alter gelbgrün aus. Der Stiel ist sehr dick, fast knollig, ganz oben für gewöhnlich gelb, in der Mitte karminrot und am Grunde gelblich. In der Reifezeit ist der untere Teil des Stiels sehr dick (4—15 cm). Fast seine ganze Oberfläche ist mit einer feinen Netzzeichnung verziert. Fleisch weißlich oder blaßgelblich, an der Schnittfläche leicht blauend und dann wieder ausbleichend. Der Pilz schmeckt süßlich und riecht in der Jugend ziemlich angenehm; im Alter jedoch hat er einen üblen Geruch. Sporen 11—15× 5,5—7 μ.

Vorkommen und Verbreitung. Ein wärmeliebender Pilz, der in lichten Laubwäldern, vorwiegend auf Kalkböden von Juli bis September gedeiht.

Praktischer Wert. Nicht lebensgefährlicher, aber doch giftiger Pilz. Er verursacht zumeist nur Erbrechen, das ober oft sechs Stunden andauert. Giftig ist der Satanspilz nur in rohem oder ungenügend gekochtem Zustand. Er ist einer der schönsten und stattlichsten Pilze, der durch sein Aussehen zum Sammeln verleitet. Die meisten Pilzsammler kennen den echten Satanspilz gar nicht und verwechseln ihn zumeist mit anderen Röhrlingen.

29. **Flockenstieliger Hexenpilz**

Samtkappe, Schuppenstieliger Hexenröhrling, Schusterpilz

Boletus erythropus (FR. ex FR.) PERS.

Boletus miniatoporus SECR.

eßbar, jedoch genügend lange kochen

Hut 5—20 cm im Durchmesser, dunkelbraun, filzig bis samtig, später kahl, an Druckstellen bis schwarz, dickfleischig. Röhren gelbgrün, beim Anschnitt schnell grünblau anlaufend. Die anfangs zinnober- bis dunkelblutroten Poren bleichen im Alter aus und blauen bei Druck. Die Unterseite des Hutes ist dunkelrot. Der 5—15 cm hohe und 2—4 cm starke Stiel ist in der Jugend bauchig, wird dann länger und nach unten zu keulenförmig; in der Mitte ist er auf gelbem Grund rotfilzig punktiert, unterhalb des Hutes gelber, bei Druck blauend. Das Fleisch ist von lebhaft gelber Farbe und läuft beim Anschnitt sofort dunkelblau an. Sporen 13—18 × 5—6,5 μ.

Vorkommen und Verbreitung. In Nadel- und Laubwäldern, häufiger im Gebirge als im Tiefland.

Praktischer Wert. Ein guter Speisepilz, der aber bei uns nur wenig gesammelt wird, da das intensive Blauen seines Fleisches viele Pilzliebhaber abschreckt. Sehr ähnlich dem Flockenstieligen Hexenpilz ist der Netzstielige Hexenpilz (Nr. 30), der, wie der Name sagt, vor allem durch seine Netzzeichnung am Stiel gekennzeichnet ist.

30. **Netzstieliger Hexenpilz**

Blaupilz, Blutpilz, Donnerpilz, Feuerpilz, Netzstieliger Hexenröhrling, Rotstrumpf, Saupilz

Boletus luridus SCHAEFF. ex FR.

eßbar

Hut 4—20 cm im Durchmesser, von hellerer Farbe als der Hut des Flockenstieligen Hexenpilzes (Nr. 29), fahlolivgelb, oft (vor allem am Rande) orange- oder auch karminrot überhaucht, feinfilzig, später kahl, dickfleischig. Die Röhren sind gelb bis olivenfarbig und laufen bei Druck an der Schnittfläche blau an; die Mündungen (Poren) sind ziegel- bis blutrot, später orange und gehen zuletzt in Blau über. Der Stiel ist anfangs bauchig, später keulenförmig gestreckt, 4—15 cm lang und 2—8 cm dick, am Grunde dunkelweinrot, in der Mitte rot und oben gelb; die ganze Oberfläche des Stiels ist mit einer langgestreckten Netzzeichnung verziert und zugleich filzig punktiert. Fleisch blaßgelb, in der Stielbasis weinrot, an allen Stellen des Pilzes beim Anschnitt tintenblau verfärbend, von angenehmem Geruch und unauffälligem Geschmack. Sporen 11—16 × 5—6,5 μ.

Vorkommen und Verbreitung. In Laubwäldern und Parkanlagen, hauptsächlich in wärmeren Gegenden oder an wärmeren Stellen. Der Netzstielige Hexenpilz wächst im Sommer und Herbst in der ganzen nördlichen gemäßigten Zone und in Australien. Von dem ihm ähnlichen Flockenstieligen Hexenpilz unterscheidet er sich durch die hellere Hutfarbe und durch die deutliche Netzzeichnung am Strunk.

Praktischer Wert. Ein guter Speisepilz, von dem man im großen und ganzen dasselbe wie vom Flockenstieligen Hexenpilz sagen kann. Manche Mykologen behaupten, daß er in rohem Zustand giftig sei.

31. **Königspilz**
Königsröhrling
Boletus regius KROMBHOLZ
vorzüglicher Speisepilz

Der 6—15 cm breite, sehr dickfleischige Hut hat auf hellerem Grunde rote bis karminrote Fasern, was ihm ein rosa- bis karminrotes Aussehen verleiht; später bleicht seine Farbe ins Braunrote aus. Die Röhren sind zitronen- bis goldgelb und nehmen im Alter allmählich einen Stich ins Grünliche an; die Mündungen sind von gleicher Farbe. Die Röhrenoberfläche an der Unterseite des Hutes ist zumeist uneben mit Grübchen. Stiel dick, bauchig, später eher keulenförmig, zitronengelb, selten blauend, mit sehr feiner Netzzeichnung verziert. Fleisch unterhalb der Huthaut zitronengelb, in der Stielbasis rötlich, an der Luft zumeist unveränderlich, von angenehmem Geruch und Geschmack. Sporen 15—17× 4—5 μ.

Vorkommen und Verbreitung. Der Königspilz ist einer unserer schönsten Pilze; er wächst in Laubwäldern, mit Vorliebe auf Kalkböden, in warmen Gegenden von Juni bis September.

Praktischer Wert. Seltener, aber vorzüglicher Speisepilz.

32. Anhängselröhrling

Boletus appendiculatus SCHAEFF. ex FR.

vorzüglicher Speisepilz

Hut 7—20 cm im Durchmesser, dickfleischig, in der Jugend fahl- bis gelbbraun, später bis rotbraun und an Druckstellen rostbraun. Röhren und Poren zitronen- bis goldgelb, im Alter bräunlich bis olivgrüngelb, an der Schnittfläche grünblau verfärbend. Stiel anfangs eiförmig-bauchig, dann fast walzenförmig, gelb, unten bräunlich, auf der oberen Hälfte mit zarter Netzzeichnung, die später fast verschwindet. Fleisch von hellerer oder dunklerer gelber Farbe, in der Stielbasis etwas bräunlich oder rötlich, beim Anschnitt — hauptsächlich oberhalb der Röhren — leicht blauend. Sporen 11—15× 4—5,5 μ.

Vorkommen und Verbreitung. Ziemlich häufig von Juni bis Oktober in Hainen und lichten Laubwäldern, vor allem in wärmeren Gegenden. Der Anhängselröhrling ist über ganz Europa verbreitet und kommt auch in Nordafrika vor.

Praktischer Wert. Ausgezeichneter Speisepilz. Er wird von manchen Pilzsammlern oft unrichtigerweise als **Bronzeröhrling** (*Boletus aereus*) bezeichnet.

33. Purpurroter Röhrling

Boletus purpureus FR.
Boletus rhodoxanthus (KRBH.) KALLENB.
giftig

Hut 5—20 cm im Durchmesser, hell, blaßgelblich bis weißlich-gelbbräunlich, oft etwas rosa angehaucht, selten dunkler braun, dickfleischig. Die Röhren sind gelb bis gelbgrünlich und verfärben sich an der Schnittfläche blaugrün; ihre Mündungen (Poren) jedoch sind lebhaft karminrot, und die Unterseite ihres Hutes glänzt daher in dieser Farbe. Der Stiel ist dickbauchig, später mehr walzenförmig; die obere Hälfte ziert auf lebhaft goldgelbem Grund eine blutrote Netzzeichnung, der untere Teil des Stieles ist weißgrau oder schmutzigrotbraun. Das Fleisch ist insbesondere oberhalb der Röhren mehr oder weniger lebhaft gelb, blaut an der Schnittfläche, riecht und schmeckt unauffällig und hat auch in der Reife keinen unangenehmen Geruch. Sporen 10—15 × 4—5,2 μ.

Vorkommen und Verbreitung. Von Juli bis September in Nadelwäldern, vor allem in wärmeren Gegenden. Der Purpurrote Röhrling ist mit dem Satanspilz verwandt, wächst aber auch in Gegenden, in denen der Satanspilz nicht vorkommt.

Praktischer Wert. Der Purpurrote Röhrling ist der schönste Pilz unserer Wälder. Leider ist er in rohem Zustand ebenso giftig wie der Satanpilz.

34. Steinpilz

Braunkopp, Dobernigel, Edelpilz, Eichensteinpilz, Herrenpilz, Steinkopf
Boletus edulis BULL. ex FR. var. *aestivalis* (PAULET) QUÉL.
Boletus aestivalis PAULET ex FR.
Boletus reticulatus SCHAEFF. ex BOUDIER

Hut 5—25 cm im Durchmesser, hell- bis dunkelbraun, in der Jugend trocken, im Alter bei feuchtem Wetter etwas schlüpfrig, glatt oder buckelig, dickfleischig. Röhren in der Jugend fast weiß, dann mit einem Stich ins Gelbgrünliche, schließlich gelbgrün. Die Poren haben die gleiche Farbe. Stiel anfangs bauchig, später keulenförmig, im Alter fast walzenförmig, manchmal weiß oder weißlich, bei anderen Exemplaren, insbesondere später, bräunlich verfärbt, aber heller als der Hut und mit einer langmaschig gestreckten Netzzeichnung verziert. Fleisch weiß, unterhalb der Oberhaut manchmal etwas bräunlich, an der Schnittfläche nicht verfärbend, von angenehmem Geruch und Geschmack. Sporen 14—17× 4,5—5,5 μ.

Der Steinpilz ist sehr veränderlich und bildet mit verschiedenen Laub- und Nadelbäumen Mykorrhizen. In Mitteleuropa kann man folgende vier Hauptrassen unterscheiden:

1. **Fichtensteinpilz** — var. *edulis*. Sein nicht sehr farbiger, manchmal fast reinweißer Stiel ist nur auf der oberen Hälfte mit einer Netzzeichnung verziert. Sein Hut ist auch bei trockenem Wetter kahl. Er wächst im Herbst in Fichtenwäldern und ist die häufigste Steinpilzart. Kommt aber auch in Laubwäldern vor.

2. **Eichensteinpilz** var. *aestivalis* (PAULET) QUÉL. Hutbreite bis 18 cm im Durchmesser. Der Hut ist zartsamtig, sehr fleischig, bei trockenem Wetter manchmal auch etwas zersprungen, blaßbraun bis fahlgraulich, in der Regel etwas heller als der Fichtensteinpilz. Die Poren sind zuerst weiß, werden aber bald gelbgrünlich. Der Stiel ist zumeist dick, bräunlich, in der Regel viel heller als der Hut, mit einem bis zum Stielgrund reichenden Netz verziert. Er wächst in lichten Laub- und Nadelwäldern von Mai bis Ende Juli, selten später. Man findet ihn bei uns sehr häufig, vor allem in Eichenwäldern. Zu dieser Abart gehören die auf Tafel 34 abgebildeten Fruchtkörper.

3. **Kiefernsteinpilz** — var. *pinophilus* PILÁT et DERMEK. Fleischiger Pilz mit dunkelbraunen, bis 30 cm breiten Hut und einer am Hutrand weißgelblichen Oberhaut. Die Röhren und Poren sind anfangs cremefarben, dann gelblich olivenfarbig und später an den Mündungen rostbräunlich. Der mit einer bis zur Basis reichenden Netzzeichnung verzierte Stiel ist sehr dick und hart, cremefarben-rötlich oder bräunlichgelb. Das Fleisch ist weiß, unterhalb der Huthaut etwas weinrötlich. Der Kiefersteinpilz wächst im

Sommer und Herbst sehr häufig zumeist in Kiefern-, seltener auch in Laubwäldern.

4. **Bronzepilz** oder **Schwarzhäutiger Steinpilz** — var. *aereus* (BULL.) KONR. et MAUBL. Stattlicher, dunkel gefärbter Pilz mit schokolade- bis schwarzbraunem Hut und braunem Stiel. Man findet ihn im Sommer und Herbst hauptsächlich unter Eichen in trockenen und lichten Wäldern. In Mitteleuropa kommt er sehr selten vor, häufiger wächst er in wärmeren Gegenden, vor allem in Südeuropa.

Praktischer Wert. Der Steinpilz gehört zu den besten Speisepilzen und wird mit Vorliebe gesammelt. Alle vier Abarten sind von ziemlich gleicher Qualität und von köstlichem Geschmack.

35. Gallenröhrling

Bitterpilz, Giftling, Roßpilz
Tylopilus felleus (BULL. ex FR.) KARST.
Boletus felleus BULL.
ungenießbar

Hut 4—12 cm im Durchmesser, heller oder dunkler bräunlich, mehr oder weniger filzig, später kahl, dickfleischig. Die Röhren sind in der Jugend weiß, später rosa angehaucht, grau bis fleischfarbig, mit gleichfarbigen Poren. Der Stiel ist anfangs bauchig, später fast walzenförmig, in der Reife mehr oder weniger bräunlich und mit einem auffallend hoch hervortretenden Netz verziert, das oft bis an den Grund reicht. Das Fleisch ist weiß und läuft manchmal an der Schnittfläche leicht rosa an, in anderen Fällen ist es unveränderlich; es ist fast geruchlos und von widerlichem, stark bitterem Geschmack. Sporen 10—15 × 4—5 μ.

Vorkommen und Verbreitung. Sehr häufig in Nadel- und Laubwäldern des Gebirges. Fruchtkörper findet man auf der Erde und manchmal auch an faulenden Baumstümpfen. Der Gallenröhrling wächst in der ganzen nördlichen gemäßigten Zone und auch in Australien.

Praktischer Wert. Der Gallenröhrling ist nicht giftig, aber wegen seines widerlich bitteren Geschmacks ungenießbar. Auch in kleineren Mengen verdirbt er jede Speise. Junge Fruchtkörper sehen den Fruchtkörpern des Steinpilzes sehr ähnlich. Unerfahrene Sammler haben sie schon des öfteren als Steinpilze nach Hause gebracht und haben so schon manche Speise verdorben, die man wegen ihres unangenehm bitteren Geschmacks wegschütten mußte. Die Röhren des Gallenröhrlings sind auch in der Jugend leicht rosa gefärbt; diese Farbe ist allerdings sehr schwach, nur wie angehaucht, und man muß sehr achtgeben, um sie nicht zu übersehen. Der Stiel ist immer bräunlicher und sein Netz viel auffallender als das des Steinpilzes. Bei auftauchendem Zweifel genügt eine Kostprobe, um festzustellen, ob es sich um einen Steinpilz oder einen Gallenröhrling handelt.

36. **Kahler Krempling**
Empfindlicher Krempling
Paxillus involutus (BATSCH ex FR.) FR.
eßbar, aber minderwertig

Hut 6—12 cm (selten mehr) im Durchmesser, senffarbig, bei Druck braun verfärbend, im Alter dunkler, ziemlich glatt. Der Hutrand ist stark nach unten eingerollt, die Oberfläche zartfilzig, später kahl und im Alter bei feuchtem Wetter schlüpfrig. Die an der Unterseite des Hutes befindlichen Blätter sind von hellerer Farbe als der Hut, des öfteren mit einem Stich ins Orangefarbene. Bei Berührung verfärben sie sich dunkelbraun; im Alter nehmen sie von selbst eine dunkelbraune Farbe an. Der Stiel ist verhältnismäßig kurz und walzenförmig, fest, glatt und kahl. Das Fleisch ist blasser als der Hut, bei Druck verfärbt es sich braun und beim Kochen fast schwarz; es hat einen säuerlichen Geschmack. Sporen lehmbräunlich, ellipsoid, 8—10 × 5—6 μ.

Vorkommen und Verbreitung. Häufig im Sommer und Herbst in Nadel- und Laubwäldern, oft auch in Gärten und Parkanlagen. Der Kahle Krempling ist in der ganzen nördlichen gemäßigten Zone beheimatet.

Praktischer Wert. Ziemlich minderwertiger Pilz. Man kann ihn fast nur zum Einlegen in Essig verwerten, da er, anders zubereitet, die Speisen wegen seines saueren Beigeschmacks verdirbt. Es gibt auch Personen, die diesen Pilz überhaupt nicht vertragen, und man kann ihn daher zum Sammeln in größeren Mengen nicht empfehlen.

37. **Kuhmaul**
Großer Gelbfuß,
Großer Keilpilz, Großer Schmierling,
Rotzer, Schafsnase
Gomphidius glutinosus (SCHAEFF. ex FR.) FR.
schmackhafter Speisepilz

Hut 4—12 cm im Durchmesser, graubraun bis braun mit einem Stich ins Violette, bei feuchtem Wetter mit einer dicken Schleimschicht bedeckt, trocken von hellerer Farbe, flach gewölbt, später in der Mitte leicht vertieft, mit leicht abziehbarer Oberhaut. Die anfangs weißlichen Blätter färben sich später vom schwarzen Staub der Sporen dunkel; sie stehen weit auseinander, sind dick und am Stiel herablaufend. Der 5—16 cm hohe und 1,5—2,5 cm dicke Stiel ist weißlich, unten zitronengelb, ebenso wie der Hut mit dickem Schleim und mit Resten des häutigen, durchscheinenden Schleiers bedeckt, der in der Jugend die Blätter schützt. Fleisch weißlich, im Stielgrund zitronengelb. Sporen dunkelbraun, 18—20 × 5—6 μ.

Vorkommen und Verbreitung. Häufig in Wäldern aller Art, hauptsächlich aber in dichten Fichtenwäldern in der ganzen nördlichen gemäßigten Zone.

Praktischer Wert. Guter Speisepilz, von ähnlichem Geschmack wie der mit ihm verwandte Schmerling. Beim Kochen scheidet er reichlich Schleim ab und wird daher am besten als Mischpilz verwendet. In Essig eingelegt schmeckt er ebenfalls sehr gut.

38. Frühlingsellerling

Hygrophorus marzuolus (FR.) BRES.
eßbar

Der im Durchmesser 4—12 cm große Hut ist, solange er mit Erde oder Blättern bedeckt ist, von weißer Farbe; unter dem Einfluß des Lichts wird er dann perlgrau mit verwischten grauschwarzen Flecken. In der Reife ist er schließlich grauschwarz bis schwärzlich und hat einen eingebogenen, wie mit weißem Reif bedeckten Hutrand; später ist der Hutrand ausgebreitet bis emporgeschlagen und im Alter wellenartig verbogen. Der Hut ist kahl, trocken, nicht schlüpfrig und ändert, wenn er durchwässert ist, seine Farbe nicht. Die Oberhaut läßt sich nur am Rande etwas abziehen. Die Blätter stehen weit auseinander, sind am Stiel kurz herablaufend, weiß oder weißlich, später bläulichgraulich bis grau. Der Stiel ist voll, weiß, später oft graulich, 3—6 cm lang und 1,5—4 cm dick, trocken, ziemlich derb und faserigfleischig. Fleisch weiß, seltener etwas graulich, von angenehmem Geruch und Geschmack. Sporen farblos, 7—8 × 4,5—5,5 μ.

Vorkommen und Verbreitung. Der Frühlingsellerling wächst verstreut in Nadelwäldern. Die Fruchtkörper erscheinen zeitig im Frühjahr, zumeist in der zweiten Hälfte des Monats März, im April und Mai. In südlicheren Gegenden Europas wächst er schon im Januar. Bisher hat man ihn nur in Europa gefunden.

Praktischer Wert. Ausgezeichneter, im pilzarmen Frühling wachsender Speisepilz.

39. Lärchenschneckling

Hygrophorus lucorum KALCHBR.
eßbar

Ein kleinerer, im Spätherbst ausschließlich unter Lärchen wachsender Pilz. Hut 3—6 cm im Durchmesser, von lebhaft zitronen- bis goldgelber Farbe, schlüpfrig, anfangs gewölbt, bald flach ausgebreitet oder auch in der Mitte niedergedrückt. Blätter weißlich, dem Hutrande zu zitronengelb oder ganz gelb, ziemlich dick und weit auseinanderstehend. Stiel blaßzitronengelb, heller als der Hut, flockig-klebrig, 4—6 cm lang und 0,6—0,9 cm dick. Fleisch weiß, unterhalb der Huthaut gelb. Sporen farblos, 7—9× 4—5 μ.

Vorkommen und Verbreitung. Im Spätherbst (vereinzelt schon im September) immer unter Lärchen, zumeist in ganzen Kolonien. Die Fruchtkörper wachsen bis zum starken Frost, so daß man frische Pilze oft auch unter der Schneedecke findet.

Praktischer Wert. Guter Speisepilz.

40. Frostschneckling
Hygrophorus hypothejus (FR.) FR.
eßbar

Hut 3—5 cm im Durchmesser, olivbraun, faserig gestreift und mit einer olivbraunen Schleimschicht bedeckt. Wenn der Regen den Schleim abwäscht, kommt die eigentliche hellere fuchsigapfelsinenfarbige bis zitronengoldgelbe Farbe des Hutes zum Vorschein. Die Blätter sind blaßgelb bis gelb, am Stiel bogenartig herablaufend, ziemlich dick und weit auseinanderstehend. Der Stiel ist verhältnismäßig dünn (6—7 mm) und 5—7 cm lang, gelb oder blaßgelb; manchmal haften an ihm die Reste des Schleiers, der in der Jugend Hutrand und Stiel verbunden hat. Fleisch blaßgelblich, fast geruch- und geschmacklos. Sporen 7—9× 4—5 μ.

Vorkommen und Verbreitung. Der Frostschneckling wächst spät im Herbst vor allem in Kiefern-, seltener auch in anderen Nadelwäldern. Fruchtkörper treten zumeist erst im Oktober auf und wachsen, bis starker Frost eintritt. Sie wachsen also auch noch zur Zeit der ersten Nachtfröste, und man kann daher frische Fruchtkörper auch unter dem Schnee finden. Der Pilz ist über die ganze nördliche gemäßigte Zone verbreitet und kommt auch in Australien vor.

Praktischer Wert. Der Frostschneckling ist ein dünnfleischiger, aber wohlschmeckender Speisepilz. Da er zumeist in ganzen Kolonien auftritt und im schon pilzarmen Spätherbst wächst, lohnt es sich, ihn zu sammeln.

41. **Grasgrüner Täubling**

Russula aeruginea LINDBL. ap. FR.
eßbar

Hut 3—10 cm im Durchmesser, einfarbig braungrün bis grasgrün, seltener gelbgrün, in der Mitte zumeist dunkler, dem Rande zu heller, in der Jugend kugelig; solange er in der Erde ist, fast weiß oder bräunlich, später ausgebreitet, in der Mitte niedergedrückt, schlüpfrig. Die dicht aneinanderstehenden Blätter bleiben lange weiß, später werden sie stroh- bis buttergelblich. Der Stiel (4—6× 1—2 cm) ist weiß, am Grunde oft rostfarbig gefleckt, lange fest, schließlich aber schwammig weich. Das etwas beißend schmeckende Fleisch ist weiß, und manchmal braun gefleckt. Sporen 8× 6—7 μ.

Vorkommen und Verbreitung. Sehr häufig im Sommer und Herbst in Nadel-, seltener in Laubwäldern. Einer der verbreitetsten Täublinge überhaupt.

Praktischer Wert. Speisepilz von minderer Qualität, aber nicht so schlecht, daß er in der Küche nicht verwertet werden könnte. Er eignet sich zum Einlegen in Essig. Getrocknet ist er ein guter Suppenpilz.

42. **Speisetäubling**

Russula vesca FR.
ausgezeichneter Speisepilz

Der 4—10 cm breite Hut zeigt verschiedene fleischrote Farbabstufungen, manchmal geht die Farbe ins Braune, Rosa oder Lila über, in anderen Fällen hat sie einen Stich ins Grünbraune. Oftmals, hauptsächlich an verletzten Stellen, hat der Hut rostfarbene Flecken; häufig ist er strahlenförmig geädert. Bei feuchtem Wetter ist er schlüpfrig. Blätter weißlich, blaß, oft rostfarbig gefleckt, am Stiel kurz herablaufend. Stiel weiß, fast hart und lange fest. Am Grunde hat er oft rostfarbene Flecken. Fleisch weißlich bis blaß, manchmal mit rostfarbenen Flecken, Geruch und Geschmack angenehm nach Nüssen. Sporen farblos, 6—8 × 5—6 μ.

Vorkommen und Verbreitung. Häufig im Sommer und Herbst, vor allem in Laub-, namentlich Eichenwäldern.

Praktischer Wert. Einer der besten Speisepilze überhaupt. Er eignet sich sowohl zum Einlegen in Essig als auch zur Zubereitung verschiedenartiger Pilzgerichte.

43. Braunroter Ledertäubling

Brauntäuberl

Russula integra (L. ex VITT.) FR. sensu R. MAIRE, non SING.

eßbar

Hut 6—12 cm im Durchmesser, schmutzigrot, braun oder ockerfarbig, oft stellenweise olivenfarbig oder violett verschmiert, in der Mitte häufig heller, gelblich, in der Reife am Rande gerieft, mit klebriger, bei trockenem Wetter glänzender Oberhaut. Blätter in der Jugend weiß, in der Reife sattockerfarbig, breit und brüchig. Stiel zumeist reinweiß, etwas keulenförmig, in der Jugend hart, bald jedoch wattig und zerbrechlich. Das Fleisch bleibt lange reinweiß, später wird es etwas schmutziggrau. Sporen sattockergelb, 9—14 × × 8—10 μ.

Vorkommen und Verbreitung. In Fichtenwäldern sehr häufig, in anderen Wäldern seltener. Der Braunrote Ledertäubling wächst im Sommer und Herbst in der ganzen nördlichen gemäßigten Zone.

Praktischer Wert. Trotz seines brüchigen Fleisches ist er ein guter Speisepilz. Er erreicht wohl nicht die Qualität des Speisetäublings, eignet sich aber infolge seines massenhaften Auftretens gut zum Sammeln. Man kann ihn trocknen, in Essig einlegen oder zur Zubereitung frischer Pilzspeisen verwenden.

44. **Heringstäubling**

Bereifter Täubling

Russula xerampelina (SCHAEFF. ex SECR.) FR.

eßbar

Der Heringstäubling gleicht der vorigen Art, ist aber lebhafter gefärbt. Hut 5—12 cm im Durchmesser, lebhaft karmin- oder dunkelweinrot, in der Mitte bis schwarzrot, mit etwas schlüpfriger, glanzloser Oberhaut. In Buchenwäldern haben die Fruchtkörper einen blasseren, rosa- bis olivenfarbigen oder braunroten, unter Espen und Birken einen gelben oder gelbgrünen bis olivenfarbigen Hut. Die breiten und brüchigen Blätter sind anfangs weiß, später rahmockerfarbig, manchmal an der Schneide rot angehaucht; bei Druck und im Alter werden sie bräunlich. Wenn sie vertrocknet sind, haben sie eine schmutziggraue Farbe. Stiel weiß oder teilweise rot, an Druckstellen zuerst gelb, dann schmutzigbraun anlaufend, zumeist etwas keulenförmig, brüchig, innen schwammweich. Fleisch blaß, im Stiel bald gelblich, später schmutzig, bei Verletzungen und im Alter gelblich bis schmutziggelb verfärbt. Riecht in der Jugend schwach nach Obst, im Alter deutlich und unangenehm nach Salzheringen; der Geschmack ist milde. Sporen 8—13 × 8—12 μ.

Vorkommen und Verbreitung. Häufig in Wäldern aller Art. In seiner typischen Form wächst der Heringstäubling hauptsächlich im Herbst in großen Mengen in Nadelwäldern. Er ist über die ganze nördliche gemäßigte Zone verbreitet.

Praktischer Wert. Ein verhältnismäßig guter Speisepilz; besonders die jungen Pilze sind schmackhaft. Alte Fruchtkörper haben kein einladendes Aussehen; sie sind brüchig, und das Fleisch ist schmutzigbräunlich verfärbt. Der Heringstäubling kann auf alle für Pilze geeignete Arten zubereitet werden. Von ähnlichen giftigen rotgefärbten Arten unterscheidet man ihn leicht durch seinen Geschmack und den Salzheringsgeruch älterer Fruchtkörper.

45. **Violettgrüner Täubling**
Blauling, Blautäuberl, Frauentäubling
Russula cyanoxantha (SCHAEFF. ex SCHW.) FR.
ausgezeichneter Speisepilz

Der biegsame, 5—14 cm breite Hut ist von violetter und grüner Farbe; beide Farben vermischen sich, und einmal herrscht mehr die eine, ein anderes Mal wiederum die andere vor; oft ist die Farbe an manchen Stellen auch ausgeblaßt. Die Oberhaut ist bei feuchtem Wetter glänzend, bleibt lange schlüpfrig und hat eine auffallende strahlenförmige Äderung. Der Hutrand ist lange Zeit scharf nach unten eingebogen. Die Blätter sind weiß, seltener mit einem Stich ins Gelbliche, ziemlich dünn und biegsam, so daß sie nicht brechen. Der 5—10 cm lange und 1,5—2,5 cm dicke Stiel ist weiß und hat bei älteren Exemplaren im Inneren kammerförmige Hohlräume. Fleisch weiß und fest, lange saftig, von mildem Geschmack und fast geruchlos. Sporen 7—10 × 7—8 μ.

Vorkommen und Verbreitung. Ein Bewohner des Laubwaldes, seltener auch des Nadelwaldes. Sehr häufig im Sommer und Herbst. Er ist in der ganzen nördlichen gemäßigten Zone und in Nordafrika und Australien beheimatet.

Praktischer Wert. Einer der besten bei uns wachsenden Täublinge, der in jeder für Pilze geeigneten Zubereitung gut schmeckt. Er kann auch allein oder mit Steinpilzen gemischt in Essig eingelegt werden.

46. **Grünschuppiger Täubling**
Blasses Grüntäuberl, Grünlicher Täubling, Grüngefelderter Ledertäubling, Herrenpilz
Russula virescens (SCHAEFF. ex ZANTED.) FR.
ausgezeichneter Speisepilz

Hut 6—15 cm im Durchmesser, blaßspangrün, anfangs mit einer krustigen Oberflächenschicht bedeckt, die dann in kleine Felder und Flächen zerreißt und zuletzt felderartige Schuppen bildet; stellenweise braungrünlich-ockerfarbig oder rostbraunfleckig ausgebleicht, zumeist trocken, auffallend fest, später des öfteren am Rand höckerig gerieft. Blätter weißlich, blaßcremefarbig. Stiel weiß und fest, an verletzten Stellen rostfarbig. Fleisch weiß, leicht ins Rostfarbene übergehend, von mildem, nicht brennen dem Geschmack, derb und bröckelig. Sporen 8—10× 7—8 μ.

Vorkommen und Verbreitung. Zumeist einzeln in hellen Laubwäldern in der ganzen nördlichen gemäßigten Zone.

Praktischer Wert. Schmackhaftester und fleischigster Täubling. Er hat ein so typisches Aussehen und ist so leicht erkennbar, daß er auch von Anfängern gesammelt werden kann.

47. Brätling

Birnenrostling, Brotpilz, Damenschwamm, Ehegürtel, Erdgürtel, Goldbrätling, Milchbröderl, Süßling, Trüschling

Lactarius volemus (FR.) FR.

eßbar

Hut 5—15 cm im Durchmesser, lebhaft braunrot, mitunter bis braun oder gelbbraun, ungestreift, mit zartem Reif bedeckt, fast samtig, kahl, matt, im Alter oft an der Oberfläche zersprungen, bald in der Mitte etwas eingedrückt. Von den blaßgelben Blättern tropft ähnlich wie vom ganzen Fruchtkörper eine weiße, an der Luft etwas grau werdende Milch, die beim Trocknen braune Flecken hinterläßt. Der bereifte, volle und harte Stiel hat die gleiche Farbe wie der Hut, oben ist er etwas heller. Fleisch blaßgelblich, fest, hart und spröde, zuerst von süßlichem, später von etwas unangenehmem Geschmack. Sporen 8—12× 7—11 μ.

Vorkommen und Verbreitung. Im Sommer und Herbst zumeist einzeln in Nadel- und Laubwäldern.

Praktischer Wert. Speisepilz von eigenartigem Geschmack, den nicht jedermann liebt, der aber von vielen als besonders gut bezeichnet wird. In Butter gebraten und mit Kümmel gewürzt schmeckt er ausgezeichnet.

48. **Rotbrauner Milchling**

Lactarius rufus (SCOP. ex FR.) FR.
ungenießbar

Hut 3—8 (12) cm im Durchmesser, bald flach gewölbt, in der Mitte mit auffallend spitzigem Buckel, rotbraun, am Rande etwas heller, bereift, ungestreift. Blätter angewachsen, etwas am Stiel herablaufend, in der Jugend blaß, später bräunlich bis roströtlich, oft mit dunkleren rötlichen Flecken, im Alter von den Sporen weiß bestaubt. Stiel oval, in der Jugend weißlich, bald aber rostrot, fast von gleicher Farbe wie der Hut. Fleisch weiß mit fleischfarbiger Tönung, im Stiel rostrot, reichlich und ständig Milch von scharf brennendem, harzigem Geschmack absondernd. Sporen rund, 7—9, 15× 6—8,5 μ.

Vorkommen und Verbreitung. Sehr häufig in trockenen Nadelwäldern von Juni bis zum Herbst. Der Rotbraune Milchling wächst in der ganzen nördlichen gemäßigten Zone.

Praktischer Wert. Eßbarer, aber nicht schmackhafter Pilz. Wenn man ihn zerschneidet und über Nacht in kaltes Wasser einweicht, verliert er seine beißende Schärfe. Dann zehn Minuten lang in frischem Wasser kochen, das Wasser abgießen und die Pilze von neuem mit kaltem Wasser abspülen. Die weitere Zubereitung erfolgt nach den üblichen Rezepten.

49. **Echter Reizker**

Blutreizker, Edelreizker, Fichtenreizker, Karottenmilchling, Rostling, Wacholderschwamm
Lactarius deliciosus (L. ex FR.) S. F. GRAY
ausgezeichneter Speisepilz

Hut 5—15 cm breit, in der Jugend flach gewölbt, bald in der Mitte niedergedrückt, mit nach unten eingerolltem Rand, bei feuchtem Wetter schlüpfrig, glatt und kahl. Seine Farbe variiert in verschiedenen Farbabstufungen von orange bis ziegelrötlich; oft ist er grün angehaucht oder bis klar schmutziggrün gefärbt und für gewöhnlich mit einigen dunkleren, zumeist grünlichen konzentrischen Kreisen verziert oder bei trockenem Wetter oft ganz graugrün. Blätter rotorange, zumeist lebhafter gefärbt als die Hutoberfläche, bei Druck grün anlaufend, spröde, etwas am Stiel herablaufend und ziemlich gedrängt. Stiel walzenförmig, in der Jugend innen weißlich und wattig, bald rohrartig hohl, außen ziegel- bis orangefarbig, aber heller als der Hut. Fleisch weißlich; da es aber reichlich orangefarbige Milch enthält, die beim Anbrechen hervorquillt, verfärbt es sich sofort orange und nach längerer Zeit schmutziggrün. Es riecht angenehm würzig und schmeckt etwas beißend und herb. Sporen rund, dicht mit Stacheln besät, 8—10× 7,5—8 μ.

Vorkommen und Verbreitung. Der Echte Reizker erscheint im Sommer, zumeist aber im Herbst, vor allem an feuchten Stellen unter jungen Fichten, seltener auch in Kiefernwäldern. In seiner typischen Form wächst er unter Fichten. Unter Kiefern wächst eine fleischigere und etwas härtere Abart. Ihr Hut ist mit deutlichen dunkeln Ringen verziert, der Hutsaum stärker eingerollt und die Milch stärker orangerot gefärbt. Diese unter Kiefern vorkommende Abart wurde von Velenovský und Vassilkov beschrieben und var. *pini* VASS. benannt. Der Echte Reizker ist sowohl bei uns als auch in der Sowjetunion und überall in der nördlichen gemäßigten Zone und auch in Australien sehr häufig.

Praktischer Wert. Der Echte Reizker ist einer der wertvollsten und begehrtesten Speisepilze. Er wird fast ausschließlich zum Einlegen in Essig verwendet, da so am besten sein pikanter und würziger Geschmack zur Geltung kommt. Zum Unterschied von dem schleimigen Fleisch des Steinpilzes ist das Fleisch des Echten Reizkers knusprig, was als weiterer Vorzug dieses ausgezeichneten Pilzes anzusehen ist. Er kann auch auf andere Art zubereitet werden. So z. B. kann man ihn zur Herstellung von vorzüglichem Pilzextrakt verwenden. Nur zum Trocknen und als Suppenpilz eignet er sich nicht. Von allen anderen Reizkern unterscheidet sich der Echte Reizker durch die lebhaft orangefarbige Milch. Es wurden wohl noch einige mit dem Echten Reizker nahe verwandte Arten beschrieben, die auch orange- bis blutorangefarbige Milch haben; der Pilzsammler jedoch muß sie nicht auseinanderhalten, da sie ebenso gut und schmackhaft sind wie der Echte Reizker.

50. **Birkenreizker**

Birkenritschl, Giftreizker, Pferdereizker, Zottiger Reizker
Lactarius torminosus (SCHAEFF. ex FR.) S. F. GRAY
ungenießbar

Hut 5—12 cm, blaßfleischrot bis blaßkarottenrot, mit einigen helleren und dunkleren Ringzonen verziert, trichterförmig vertieft. In der Jugend ist der Hut mit liegenden, schuppenförmigen Zotten behaart, später wird er kahl, behält aber bis zur Reife am stark eingebogenen Rand weißlich zottige Wimpern. Die blaßrosagelblichen Blätter laufen etwas am Stiel herab. Der 3—6 cm lange und 1—2 cm dicke, fleischrötliche, unten hellere Stiel ist kahl, innen zunächst wattig, wird aber bald hohl. Das weiße, unterhalb der Stiel- und Huthaut rosafarbige Fleisch sondert an Bruchstellen einen weißbleibenden Milchsaft von scharf brennendem Geschmack ab. Sporen kammartig-stachelig, 8—19 × 6—7 μ.

Vorkommen und Verbreitung. In Laubwäldern, vor allem unter Birken, in der ganzen nördlichen gemäßigten Zone.

Praktischer Wert. Der scharf beißend schmeckende Pilz ist ungenießbar. Sein Genuß verursacht bei empfindlicheren Personen Erbrechen. Wird er jedoch abgekocht und das erste Kochwasser abgegossen, so kann er gegessen werden, obwohl er auch nach dieser Vorbehandlung nicht besonders gut ist. Unvorsichtige Pilzsammler verwechseln diesen wertlosen Pilz manchmal mit dem ausgezeichneten Echten Reizker, dem er etwas ähnlich sieht. Man erkennt ihn jedoch leicht an dem stark eingerollten und mit weißlichen, zottigen Wimpern behaarten Hutrand sowie an der weißen, stark brennenden Milch. Beim Echten Reizker ist der ganze Hut (also auch der Rand) glatt, und die Milch ist orangefarbig und von schwach herbem, pfefferigem Geschmack.

51. **Pfeffermilchling**

Bitterling, Häbling, Weißer Kuhpilz

Lactarius piperatus (L. ex FR.) S. F. GRAY

eßbar

Hut 6—20 cm im Durchmesser, weiß oder schwach gelb überhaucht, im Alter an verletzten Stellen bräunlich, trocken und glatt, nicht glänzend, in der Jugend flach gewölbt, bald jedoch breit trichterförmig vertieft, mit eingerolltem Rand. Die Blätter sind weiß, schmal, an der Schneide etwas gelblich und stehen auffallend dicht beisammen. Der Stil ist walzenförmig, verhältnismäßig kurz und dick, reinweiß, kahl und glatt, später etwas fleckig. Das weiße, derbe, harte und brüchige Fleisch sondert, wenn es frisch ist, beim Anschnitt reichlich weiße Milch von langanhaltendem, stark brennendem Geschmack ab. Sporen höckerig-stachelig, 6—7× 6,5 μ.

Vorkommen und Verbreitung. Massenweise in Wäldern aller Art. Man findet ihn auch bei trockenem Wetter, wenn andere Pilze nicht mehr wachsen. Er ist in der ganzen nördlichen gemäßigten Zone beheimatet.

Praktischer Wert. Speisepilz, dessen Geschmack aber nicht jedem Gaumen entspricht. Er wird mit Speck unter Beigabe von Pfeffer, Zwiebel und Salz gebraten. Die so zubereitete Speise ist schmackhaft und pikant. Wenn man sich einmal an sie gewöhnt hat, so schmeckt sie ganz vorzüglich. In den Ostkarpaten gilt der Pfeffermilchling als der beste Speisepilz und wird von der Bevölkerung dem Steinpilz vorgezogen. Infolge seines pikanten Geschmacks eignet er sich ganz besonders gut als Beilage zu dem etwas faden Maisbrei, der in jenen Gegenden häufig gegessen wird.

Dem Pfeffermilchling sieht der gleichfalls weiße und ebenso stattliche **Wollige Milchling** oder **Erdschieber** (*Lactarius vellereus* FR.) sehr ähnlich. Er unterscheidet sich vom Pfeffermilchling durch seinen weichhaarigen Hut, der insbesondere am Rande zottig ist. Auch dieser Pilz ist eßbar, doch ist sein Fleisch zäher und daher minderwertiger.

52. **Violetter Ritterling**

Nackter Ritterling, Violetter Rötelritterling
Lepista nuda (BULL. ex FR.) COOKE
Rhodopaxillus nudus (BULL. ex FR.) R. MAIRE
Tricholoma nudum (BULL. ex FR.) KUMMER
schmackhafter Speisepilz

Der 6—12 cm breite, glatte und kahle Hut ist von blauvioletter bis braunvioletter Farbe; im Alter geht das Violette ins Bräunliche über. Der anfangs gewölbte Hut mit dem lang eingerollten Rand breitet sich später flach aus und ist zuletzt in der Mitte eingedrückt und am Rande emporgeschlagen. Blätter in der Jugend lebhaft blauviolett, später mehr fleischbraun, zahnartig am Stiel ausgebuchtet. Stiel 5 bis 10 cm lang, 1,2—3 cm dick, violett oder graublau, längsfaserig, walzenförmig und an der Basis oft knollig verdickt und violett befilzt. Fleisch zuerst lebhaft violett, später blasser, von angenehmem Geruch und Geschmack. Sporen glatt, ellipsoid, 7—9 $\times$ 4—5,5 μ.

Vorkommen und Verbreitung. Typischer Herbstpilz, der in Nadel- und Laubwäldern im Oktober und November erscheint. Seltener und vereinzelt kommt er auch im Frühjahr, im Mai und Juni, vor. Zumeist tritt er gruppenweise auf, zuweilen auch in Hexenringen. Man findet ihn fast überall in der nördlichen gemäßigten Zone und auch in Nordafrika und Australien.

Praktischer Wert. Vorzüglicher Speisepilz, der auf jede Art zubereitet werden kann. Roh darf der Violette Ritterling nicht gegessen werden, da er einen Giftstoff enthält, der die roten Blutkörperchen zersetzt. Dieses Gift wird jedoch beim Kochen zerstört, so daß er völlig unschädlich ist.

53. **Austernseitling**

Pleurotus ostreatus (JACQU. ex FR.) KUMMER
eßbar

Hut 5—15 cm im Durchmesser, seltener auch größer (bis 35 cm), im allgemeinen von mehr oder weniger muschelartiger Form, verschieden gefärbt, zumeist hell- bis dunkelgrau oder fast schwarz, manchmal blaugrau, aber auch grünviolett, ockerfarbig und mitunter sogar weißlich, glatt und kahl, nur im Nabel am Stiel weißfilzig. Der Stiel ist nur ausnahmsweise fast zentral, zumeist ist er stark exzentrisch und verhältnismäßig kurz, oft ganz verkümmert, was dem Hut seine rundlichmuschelartige bis zungenartig gestreckte Form verleiht. In der Regel wächst eine größere Anzahl von Fruchtkörpern büschelartig beisammen, so daß die Hüte flach abstehen und sich einer über den anderen erhebt. Blätter weißlich bis graulich, später oft mit einem Stich ins Violette, am ziemlich kurzen, manchmal nur angedeuteten, weißen und zumeist borstig befilzten Stiel herablaufend. Fleisch zäh, aber saftig, fast geruch- und geschmacklos. Sporen ellipsoid-walzenförmig, 8—11 × 3—4 μ.

Vorkommen und Verbreitung. Der Austernseitling wächst an Baumstämmen und -stümpfen, und sein Myzel bewirkt die Fäulnis des befallenen Holzes. Fruchtkörper treten zumeist im Spätherbst auf. In Baumhöhlen findet man frische Fruchtkörper oft auch im Winter, wenn ringsum bereits alles eingefroren ist. Der Austernseitling wächst in der ganzen nördlichen gemäßigten Zone und kommt auch in der südlichen vor.

Praktischer Wert. Ein Speisepilz mittlerer Güte. Eingelegt in Essig schmeckt er ganz vorzüglich, insbesondere wenn er mit anderen Pilzarten gemischt wird. Er ist zäher als andere Speisepilze und daher auch schwerer verdaulich. Oft sind ganze Stämme von diesem Pilz voll besetzt, so daß man an einer Stelle auch mehrere Kilo davon sammeln kann.

54. Purpurfilziger Seitling

Purpurfilziger Ritterling
Tricholomopsis rutilans (SCHAEFF. ex FR.) SINGER
Pleurotus rutilans (SCHAEFF. ex FR.) PILÁT
ungenießbar

Der gelbe Untergrund des 5—20 cm breiten, in der Jugend gewölbten, später ausgebreiteten Hutes ist mit kleinen, körnigen, roten

Schuppen dicht bedeckt, so daß der Hut fast ganz rot erscheint. Der 6—9 cm lange und 1—2 cm dicke Stiel befindet sich in der Mitte des Hutes, ist hellgelb und mit winzigen purpurroten, flockigen Schüppchen besetzt. Blätter goldgelb, am Stiel zahnartig ausgebuchtet. Fleisch hellgelb, saftig, ziemlich dick, von säuerlichem Geschmack und unangenehmem eigenartig dumpfigem Geruch. Sporen 7—10× × 5,5—6,5 μ.

Vorkommen und Verbreitung. Der bei uns häufige Purpurfilzige Seitling wächst an Stümpfen und Stämmen von Nadelbäumen, fast immer in der Nähe des Bodens. Seiner Form nach sieht er den Ritterlingen ähnlich, zu denen er auch — obwohl er auf Holz wächst — von vielen Mykologen gezählt wird. Er ist über die ganze nördliche gemäßigte Zone verbreitet und kommt auch in Australien vor.

Praktischer Wert. Ein minderwertiger, verhältnismäßig schwer verdaulicher Pilz. Empfindlichere Personen erbrechen oft nach dem Genuß einer größeren Menge dieses Pilzes. Er ist also als Speisepilz nicht zu empfehlen. Sein Geschmack ist nicht sehr angenehm, und es lohnt sich daher nicht, ihn zu sammeln. Da sein Pilzlager in feuchtem Holz, oft tief unter der Erde lebt, wächst er auch bei trockenem Wetter, wenn andere Pilze bereits zu wachsen aufgehört haben.

55. **Maipilz**

Georgiritterling, Hufpilz, Maiblattl, Mairitterling

Calocybe georgii (CLUS. ex FR.) KÜHN

Calocybe gambosa (FR.) SINGER

vorzüglicher Speisepilz

Hut 6—10 cm, selten breiter, weißlich, am Scheitel schwach schmutziggelblich oder bräunlich, glanzlos, nur bei ganz trockenen Exemplaren etwas glänzend, kahl und glatt, mit in der Jugend eingerolltem Rand und kurzfilzigem, gewölbtem bis fast kugeligem oder auch stumpfem

Buckel. Blätter weiß oder weißlich bis rahmfarbig, des öfteren auch mit gelbbräunlichem oder graulichem Ton, dichtstehend, am Stiel zahnartig ausgebuchtet. Stiel ziemlich dick und fleischig, 4—9 cm lang und 1,5—4,5 cm stark, manchmal walzenförmig, bei anderen Exemplaren von ungleicher Stärke, voll und fest, faserig-fleischig, weißlich, an der Basis oft blaßockerfarbig. Fleisch weiß, stark nach frischem Mehl riechend (etwas an den üblen Geruch von Wanzen erinnernd) und von angenehmem Geschmack. Sporen 5—7 × 3—4,5 μ.

Vorkommen und Verbreitung. Der Maipilz ist ein Frühjahrspilz, der Ende April und hauptsächlich im Mai an wärmeren Plätzen im Gebüsch, an Laubwaldrändern, auf lichten, buschigen Abhängen und in Parkanlagen erscheint. Ausnahmsweise findet man ihn im Juni und sogar auch noch im Juli, in manchen Jahren selbst noch im Spätherbst. Er ist in der ganzen nördlichen gemäßigten Zone beheimatet.

Praktischer Wert. Ausgezeichneter, auch von der Landbevölkerung geschätzter Speisepilz, der oft gesammelt und auch auf den Markt gebracht wird. Man erkennt ihn an seiner hellen Färbung, seinem typischen Geruch und an den weißlichen Blättern. In der Jugend sieht er dem giftigen **Riesenrötling** [*Entoloma sinuatum* (BULL. ex FR.) KUMMER] sehr ähnlich, der aber recht unangenehm rettichmehlartig schmeckt. Die Blätter dieses Giftpilzes haben in der Reife eine gelblichrote Färbung, sind aber in der Jugend fast weiß, was leicht zu einer Verwechslung führen kann. Wir empfehlen unseren Lesern, die Abbildungen des Maipilzes und des Riesenrötlings zu vergleichen. Der Riesenrötling erscheint zumeist später als der Maipilz; er ist kein typischer Frühjahrspilz, sondern eher ein Sommerpilz und wächst stellenweise auch bis in den Herbst hinein.

56. Seifenritterling

Tricholoma saponaceum (FR.) QUÉL.
ungenießbar

Hut 5—10 cm im Durchmesser, von sehr veränderlicher Farbe, zumeist hellbraungrün oder braungrau, zuweilen bis dunkelbraungrün oder auch gelbbraun, bei trockenem Wetter oft rötlich oder rötlichbraun. Trockene, vor allem alte Fruchtkörper sind gewöhnlich zumindest irgendwo auf dem Hut rötlich gefärbt. Der Hut ist glatt und kahl, bei trockenem Wetter glänzend und oft etwas felderartig zerrissen, anfangs glockig gewölbt, im allgemeinen mit einem stumpfen Höcker am Scheitel, später zumeist flach ausgebreitet und mit welligem Rand. Die Blätter sind blaß bis weißlich, später blaßgelblich bis grüngelblich, bei trockenen Fruchtkörpern mit einem Stich ins Rötliche; sie stehen ziemlich gedrängt und sind am Stiel ausgebuchtet. Der Stiel ist blaß, oben weiß und bei trockenen Fruchtkörpern blaßrosa, kahl und faserig-feinschuppig. Das weiße Fleisch läuft an der Luft allmählich rosa an und ist im Stielgrund zumeist rötlich; es riecht etwas nach parfümierter Seife und ist von schwachem, aber typischem, schwer definierbarem Geschmack. Sporen kurzellipsoid, 5—6 × 3—4 μ.

Vorkommen und Verbreitung. Häufig vom Sommer bis in den Spätherbst in Nadel-, seltener auch in Laubwäldern der nördlichen gemäßigten Zone.

Praktischer Wert. Minderwertiger Pilz, dessen Genuß Magenschmerzen verursachen kann. Am charakteristischsten für diesen veränderlichen Pilz ist sein Seifengeruch, an dem man ihn immer sicher erkennt. Zum Sammeln kann er nicht empfohlen werden.

57. **Erdritterling**

Graublättriger Ritterling, Mausfellchen, Mäuseritterling

Tricholoma terreum (SCHAEFF. ex FR.) QUÉL.

eßbar

Hut 3—7 cm im Durchmesser, hell- bis dunkelgrau, anfangs filzig, dann feinschuppig, in der Jugend kegelförmig, später kegeliglockenförmig bis ausgebreitet, gebuckelt. Blätter weißlich, dann schwach grau überhaucht, am Stiel ausgebuchtet, zerbrechlich. Stiel 4—8 cm lang und 0,7—7,5 cm dick, weißlich bis schwach grau, walzenförmig, brüchig. Fleisch weiß bis schwach grau, brüchig. Sporen 5—7×4—5 μ.

Vorkommen und Verbreitung. Der sehr häufig vorkommende Pilz wächst in Nadel-, namentlich Kiefernwäldern vom Herbst bis zum Eintritt stärkerer Fröste. Bei mildem Wetter kann man frische Exemplare auch noch zu Weihnachten finden. Er bevorzugt trockene Waldungen mit Sandböden und ist über die ganze nördliche gemäßigte Zone und Nordafrika verbreitet.

Praktischer Wert. Speisepilz minderer Qualität. Den verhältnismäßig schmächtigen und wenig fleischigen, aber zumeist zahlreich in großen Gruppen wachsenden Pilz sammelt man hauptsächlich im bereits pilzarmen Spätherbst. Er eignet sich zum Trocknen und ist als guter Suppenpilz verwendbar.

58. Grünling

Echter Ritterling, Echter Ritterpilz, Ganske, Goldreizker, Grünreizker

Tricholoma flavovirens (PERS. ex FR.) LUNDELL ap. LUND. et NANNF.

Tricholoma equestre (L. ex FR.) QUÉL.

schmackhafter Speisepilz

Der 4—9 cm breite, bei feuchtem Wetter etwas schlüpfrige Hut arbeitet sich durch den Boden durch und ist daher zumeist mit Sand und Moos beschmutzt. Er ist braungrünlich bis bräunlich gelb, gelblich oder grünlich, mit eingewachsener radialfaseriger Äderung verziert, schon in der Jugend etwas kantig und unregelmäßig verzogen, häufig gebuckelt. Blätter lebhaft schwefelgelb, bei Verletzungen nicht verfärbend, am Stiel zahnartig ausgebuchtet und verschmälert angewachsen. Stiel walzenförmig, an der Basis etwas verdickt, schwefelgelb oder grünlichgelb, manchmal etwas bräunlich überhaucht, fast glatt und kahl. Das Fleisch ist weißlich bis weiß, unterhalb der leicht abziehbaren Oberhaut des Hutes gelblich, es riecht schwach, aber angenehm nach frischem Mehl. Sporen 6—8× 3,5—5 μ.

Vorkommen und Verbreitung. Der Grünling wächst zumeist in großen Mengen von Ende September bis Anfang Dezember vorwiegend in sandigen Kiefernwäldern. Oft findet man frische Fruchtkörper auch unter dem Schnee.

Praktischer Wert. Ein guter und beliebter Marktpilz.

Von ähnlicher schwefelgelber Farbe wie der Grünling ist auch der widerlich riechende und schmeckende und daher ungenießbare **Schwefelgelbe Ritterling** *(Tricholoma sulphureum)*. Er ist jedoch bedeutend intensiver gelb gefärbt, und sein Fleisch ist an allen Stellen schwefelgelb.

59. Grauer Ritterling

Rußiggestreifter Ritterling, Rußkopf, Schneeling, Schneepilz, Schwarzfaseriger Ritterling
Tricholoma portentosum (FR.) QUÉL.
schmackhafter Speisepilz

Hut 4—12 cm im Durchmesser, grau mit hellerer oder dunklerer, gelblicher, grünlicher, brauner oder violetter Tönung, mit feiner schwarzer Radialfaserung, der Form und Größe nach dem Grünling sehr ähnlich, anfangs kegelig gewölbt, später verflachend, stumpfbuckelig, unregelmäßig lappig und verbogen, ziemlich fleischig, mit einer zunächst klebrigen, später trockenen, fast ganz abziehbaren Oberhaut. Blätter weiß, wässeriggraulich mit einem Stich ins Zitronengelbe, verhältnismäßig breit, am Stiel ausgebuchtet und mit Zähnchen herablaufend, ziemlich dick. Stiel weiß, gelb oder wässeriggraulich, seltener etwas grünlich angehaucht, seidig-glänzend, walzenförmig, ab und zu auch etwas wurzelartig verlängert. Fleisch weißlich, oft etwas grau getönt und innerhalb des Stiels manchmal mit einem Stich ins Gelbliche, von schwachem, aber angenehmem Geruch und Geschmack nach frischem Mehl. Sporen $6—7 \times 4—5\,\mu$.

Vorkommen und Verbreitung. Der Graue Ritterling wächst im Spätherbst bis zum Einbruch von starkem Frost am häufigsten in Kiefernwäldern, oft in großen Mengen gemeinsam mit dem verwandten Grünling (Nr. 58). Er ist über die ganze nördliche gemäßigte Zone verbreitet.

Praktischer Wert. Ein guter Speisepilz, der bei uns viel gesammelt wird und oft auf den Markt kommt. Er ist in jeder Zubereitung wohlschmeckend. Außer dem Grünling sieht ihm auch der Erdritterling (Nr. 57) ähnlich. Dieser ist aber kleiner, sein Hut ist in der Reife mit feinen, abstehenden Schuppen bedeckt, und seine Blätter sind graulich ohne gelbe Tönung.

60. Echter Pfifferling

Eierschwamm, Gänserl, Geelchen, Marillenschwamm, Nagerl, Recherl, Röllchen, Schweinsfüßerl

Cantharellus cibarius FR.

schmackhafter Speisepilz

Hut 1—7 cm im Durchmesser, dottergelb, anfangs leicht gewölbt, bald jedoch flach, in der Reife trichterförmig mit lappigem, gewelltem Rand, nicht glänzend. Die Lamellen laufen in Form nicht sehr hoher Leisten (es handelt sich hier nicht um Blätter), die gabelig-verzweigt und quer miteinander verbunden, und in der Regel etwas lebhafter gefärbt sind als der Hut, am Stiele weit herab. Von gleicher Farbe ist auch der nach oben zu dicker werdende und in den Hut übergehende, verhältnismäßig kurze Stiel. Fleisch fast weißlich, blasser als der Hut, schwach, aber angenehm nach Obst riechend und angenehm pfefferartig schmeckend. Sporen 8—11 × 5,5—6,5 μ.

Vorkommen und Verbreitung. Der Pfifferling wächst im Sommer und Herbst häufig in Nadel- und Laubwäldern der ganzen nördlichen gemäßigten Zone und Australiens. Er gehört zu den in unseren Wäldern verbreitetsten Pilzen.

Praktischer Wert. Der Pfifferling ist ein außerordentlich schmackhafter, aber schwer verdaulicher Pilz. Er eignet sich ebenso gut zum Dünsten mit Eiern wie zum Einlegen in Essig. Dank seinem festen, zähen Fleisch verdirbt er nicht so schnell wie andere Pilze und kann daher auch auf entferntere Märkte gebracht werden. Er wird in großen Mengen sowohl für den Küchenbedarf als auch zur industriellen Verarbeitung gesammelt. In Laubwäldern wächst eine fleischigere Abart, deren Hut heller gefärbt ist. Von anderen Pilzen kann mit dem Echten Pfifferling nur der auf der folgenden Tafel abgebildete Falsche Pfifferling verwechselt werden.

61. Falscher Pfifferling

Hygrophoropsis aurantiaca (WULF. ex FR.) R. MAIRE ap MARTIN-SANS

Clitocybe aurantiaca (WULF. ex FR.) STUDER

eßbar, aber nicht schmackhaft

Hut 3—6 cm im Durchmesser, orangefarbig bis gelb, seltener bis zinnoberrötlich, feinflaumig gefilzt und daher nicht glänzend, trokken, in der Jugend gewölbt, später flach, in der Mitte vertieft und schwach trichterförmig. Blätter lebhaft ziegel- bis orangefarbig, gabelförmig verzweigt, am Stiel herablaufend, niedrig (nur 1,5—4 mm hoch), jedoch viel höher und lebhafter rot gefärbt als die Leisten des Echten Pfifferlings. Stiel verhältnismäßig dünn und kurz, ziegelrötlich oder gelb, 3—8 mm stark, nach oben zu sich verdickend, feinfilzig. Fleisch blaßorange, wattigweich, fast geruchlos und von herbem und unangenehm süßlichem Geschmack. Sporen 6—7×4 μ.

Vorkommen und Verbreitung. Im Herbst in Wäldern aller Art, insbesondere an feuchteren Plätzen. Unerfahrene Sammler können diesen häufig vorkommenden Pilz mit dem Echten Pfifferling verwechseln.

Praktischer Wert. Der Falsche Pfifferling wurde lange Zeit als Giftpilz angesehen und gefürchtet. Es wurde jedoch bewiesen, daß er unschädlich ist. Sein Fleisch ist sehr weich und wattig, und auch der Geschmack des rohen Pilzes ist schlecht, so daß er sich nicht zum Sammeln eignet. Vom Echten Pfifferling unterscheiden wir ihn leicht an den lebhafter und rötlicher gefärbten, höheren und dichteren Lamellen. Sein Hut ist kurzfilzig, sein Fleisch auffallend wattigweich und der Stiel dünner als der des Echten Pfifferlings.

62. Rettichhelmling

Reiner Helmling

Mycena pura (PERS. ex FR.) KUMMER

eßbar

Hut 2—5 cm im Durchmesser, violett oder rotviolett, bei feuchtem Wetter dunkler, bei trockenem zumeist violettrosa, anfangs kegelig, später ausgebreitet, buckelig, glatt. Blätter fast von gleicher Färbung wie der Hut, am Stiel ausgebuchtet. Stiel 2—7 mm dick, 4—7 cm lang, rotviolett, walzenförmig, rohrartig hohl. Das Fleisch ist dünn, weiß, bei Feuchtigkeit dunkler, von Rettichgeruch und -geschmack. Sporen 5—9 × 2,5—4 μ.

Vorkommen und Verbreitung. Vom Frühjahr bis zum Spätherbst in Nadelwäldern (seltener auch in Laubwäldern) vom Tiefland bis hoch ins Gebirge häufig vorkommender Pilz. Er ist über die ganze nördliche gemäßigte Zone verbreitet.

Praktischer Wert. Speisepilz, obwohl der Rettichgeruch des rohen Pilzes nicht einladend wirkt. Gekocht schmeckt er gut.

63. Fuchsroter Trichterling

Clitocybe inversa (SCOP. ex FR.) QUÉL.

eßbar, aber minderwertig

Hut 5—8 cm im Durchmesser, selten größer, rotbraun bis orangerotbraun, in der Mitte niedergedrückt bis trichterförmig vertieft und an dieser Stelle oft etwas dunkler gefärbt, bei Feuchtigkeit die Farbe fast nicht verändernd, mit nach unten eingerolltem Rand. Blätter schmal, am Stiel herablaufend, blaßgelblich bis fast weißlichgelblich, im Alter sich blaßrotgelblich oder fuchsigrostfarbig verfärbend. Der Stiel ist zumeist kurz, 3—5 cm lang und 7—11 mm dick, unten in der Regel etwas verdickt und filzig, von blaßrotgelber oder blaßfuchsroter Farbe. Fleisch ziemlich biegsam und zäh, weißlich, später mit einem Stich ins Blaßrötliche bis Rostfarbige, von schwachem, etwas säuerlichem Geruch und etwas herbem bis leicht bitterem Geschmack. Sporen fast rund, mit zarten warzenförmigen Stacheln besetzt, farblos, 3—5 × 3—4,5 μ.

Vorkommen und Verbreitung. Einzeln oder büschelig, sehr häufig im Sommer und Herbst in Nadel-, seltener in Mischwäldern. Der Fuchsrote Trichterling ist über die ganze nördliche gemäßigte Zone verbreitet.

Praktischer Wert. Speisepilz minderer Qualität, fast nur als Mischpilz verwertbar. Er ist ziemlich zäh und nicht von bestem Geschmack. Empfindlicheren Personen kann man ihn nicht empfehlen.

64. **Graukappe**
Herbstblattl, Nebelgrauer Trichterling, Nebelkappe, Michaelipilz
Clitocybe nebularis (BATSCH. ex FR.) QUÉL.
eßbar, aber nicht schmackhaft

Hut 5—15 cm im Durchmesser, manchmal auch größer, dunkelgrau, in trockenem Zustand etwas heller, aschgrau oder bräunlich getönt, insbesondere bei feuchtem Wetter wie mit schimmelartigem Reif bedeckt, anfangs gewölbt, dann flach ausgebreitet, im Alter in der Mitte etwas niedergedrückt, ziemlich dickfleischig, kahl, am Rande eingerollt. Die bogenförmig am Stiel herablaufenden Blätter sind weiß oder weißlich und bekommen später einen Stich ins Gelbliche. Der Stiel ist zumeist, vor allem an seinem unteren Teil, ziemlich dick, 6—10 cm lang, 2—4 cm stark, hellweißlich bis hellgraulich oder bräunlich, faserig gerieft oder auch glatt, in der Jugend voll, im Alter manchmal hohl. Fleisch weiß, von ziemlich starkem, fast unangenehmem Geruch und von schwach süßlichem und zugleich säuerlichem Geschmack. Sporen 6—8 × 3—4 μ, glatt, farblos.

Vorkommen und Verbreitung. Die Graukappe wächst im Spätherbst gruppenweise oder seltener auch in Hexenringen im Laubwald zwischen modernden Blättern. Man findet sie in der ganzen nördlichen gemäßigten Zone.

Praktischer Wert. Speisepilz mittlerer Güte. Wegen seiner schweren Verdaulichkeit und seines unangenehmen Aromas kann sein Genuß in größeren Mengen nicht empfohlen werden. Am besten verwendet man ihn als Mischpilz. Zum Trocknen ist er — wie alle Trichterlinge, zu deren Familie er gehört — nicht geeignet.

65. **Hallimasch**

Heckenschwamm, Hohlmütze, Honigpilz, Michaelischwamm, Schulmeister, Stubbling, Wenzelspilz

Armillaria mellea (VAHL. in FL. DAN. ex FR.) STAUDE

eßbar

Der 4—5 cm breite, honigbraune bis braune Hut hat einen dünnen, nach unten gebogenen Rand und ist dicht mit braunen bis schwarzbraunen Schuppen bedeckt. Diese sind zunächst aufgerichtet, später kleben sie schlaff an der Oberhaut; zur Mitte des Hutes zu sind sie dichter gesät. In der Jugend ist der Hut mit dem Stiel durch einen häutigen oder wattigen Ring verbunden, der die Blätter verdeckt. Der 5—12 cm lange und 1—2,5 cm starke, walzenförmige, gelbliche bis bräunliche Stiel ist am Grunde etwas knollig verdickt und von olivgelblichschwärzlicher Farbe. Er ist feinfaserig und etwas flockig, seine Oberfläche wird von einer dunkleren Rinde bedeckt, innen ist er weiß, und oben trägt er einen weißen, flockigen Ring. Die an den Stiel angewachsenen und strichförmig herablaufenden Lamellen sind in der Jugend weißlich, dann rötlichbräunlich mit dunkleren Flecken und in der Reife von den Sporen weiß überpudert. Das Fleisch ist weiß oder weißlich, von schwachem, fast unangenehmem Geruch und von ebenfalls unangenehmem, alaunartig zusammenziehendem Geschmack. Sporen eiförmig, farblos, 7—9,5 $\times$ 6,5 μ.

Vorkommen und Verbreitung. Der Hallimasch wächst gewöhnlich büschelweise, seltener auch einzeln an Stümpfen und Wurzeln sowohl von Nadel- als auch Laubbäumen. Häufiger findet man ihn auf Nadelholz. Die auf Laubholz wachsenden Fruchtkörper sind in der Regel stattlicher, Ring und Hutrand sind zumeist gelb, und stellenweise schimmert an ihrer Oberfläche eine schwefelgelbe Färbung durch. Der Hallimasch wächst in der ganzen nördlichen gemäßigten Zone und in Australien. Er ist einer der ärgsten Waldschädlinge. Außer den feinen, wuchernden Pilzfäden, die im Dunkeln leuchten, bilden sich im Holz eigenartige schwarzbraune, ziemlich dicke, Rhizomorphen genannte Myzeliumstränge. Sie haben weißes Fleisch, sind stark verzweigt und erreichen oft eine Länge von einigen Metern. An abgestorbenen Stämmen findet man diese Stränge häufig unterhalb der Rinde. Sie sind eine Art bandartiger Knollen, in denen der Pilz Nährstoffe, vor allem für die Bildung von Fruchtkörpern, aufbewahrt. Die Fruchtkörper erscheinen zumeist im Spätherbst, Ende September und im Oktober.

Praktischer Wert. Der Hallimasch ist ein Speisepilz mittlerer Güte, eignet sich aber gut zum Einlegen in Essig. Zu diesem Zweck werden ausschließlich junge Hüte gesammelt. Der unangenehme Geschmack des rohen Pilzes verschwindet beim Kochen. Rohe Pilze sind für empfindlichere Personen giftig. Gekochte Pilze sind unschädlich.

66. **Nelkenschwindling**

Feldschwindling, Kreisling, Rainschwammerl
Marasmius oreades (BOLT. ex FR.) FR.
Marasmius caryophylleus (SCHAEFF.) SCHROETER
schmackhafter Speisepilz

Der im Durchmesser 2—5 cm breite Hut ist in trockenem Zustand blaßockerfarbig oder braungelblich; in durchfeuchtetem Zustand ist er von dunklerer, ockerrötlicher Farbe und hat einen durchscheinenden, gestreiften Rand. Er ist kahl und glatt (bei eingetrockneten und durch Feuchtigkeit wieder aufgefrischten Exemplaren etwas runzelig), elastisch und dünnfleischig, in der Reife ausgebreitet und hat einen breiten und stumpfen Buckel und gekerbten Rand. Der 3—4 cm starke und 4—7 cm hohe Stiel ist heller als der Hut, in der Jugend weißfilzig, später fast kahl, sehr elastisch, nicht brüchig und ziemlich zäh. Die Blätter sind weißlich, in durchnäßtem Zustand etwas dunkler, ziemlich weitstehend und am Stiel abgerundet. Das Fleisch ist blaß, und sein Geruch erinnert an frisch gefälltes Holz oder entfernt an bittere Mandeln. Sporen 8—10×4—5 μ.

Vorkommen und Verbreitung. Der Nelkenschwindling wächst außerhalb des Waldes auf Weiden, an Wegrändern und auf Wiesen nach warmem Regen vom Mai bis in den Herbst. Ausnahmsweise kommt er auch in Nadelwäldern vor. Er wächst gesellig in Gruppen, Reihen oder sog. Hexenringen, die von auffallend üppigem und lebhaft grünem Gras umgeben sind, und gedeiht in der ganzen nördlichen gemäßigten Zone und in Australien.

Praktischer Wert. Ein sehr guter Speisepilz, der sowohl frisch als auch getrocknet als Suppenpilz oder zum Würzen von Fleischspeisen verwendet werden kann. Er enthält weniger Wasser als andere Pilze und läßt sich daher sehr leicht und gut trocknen.

67. **Butterrübling**
Kastanienroter Rübling
Collybia butyracea (BULL. ex FR.) QUÉL.
eßbar

Hut 4—7 cm im Durchmesser, rostbraun bis braun, zuweilen graubraun bis grau, dünnfleischig, glatt und kahl, gewölbt, leicht gebuckelt, später flach ausgebreitet. In durchnäßtem Zustand ist der Hut dunkler als in trockenem, und da er vom Scheitel zu trocknen beginnt, ist er in der Mitte heller als am Rand. Blätter weiß bis wässeriggrau, am Stiel abgerundet, ziemlich dichtstehend und weich. Stiel in der unteren Hälfte keulenförmig aufgeblasen und hohl, graubraun bis schmutzigrostbraun, von fast gleicher Farbe wie der Hut, bald kahl und knorpelig, am Grunde schwammig-filzig, 4—8 cm lang und 7—15 cm stark. Das Fleisch ist bei trockenem Wetter braun, bei feuchtem weißlich und fast geruch- und geschmacklos. Sporen farblos und glatt, 6—7×3—3,5 μ.

Vorkommen und Verbreitung. Sehr häufig vom Sommer bis in den Winter in Nadel- und Laubwäldern der ganzen nördlichen gemäßigten Zone, Nordafrikas und Australiens. Im Herbst findet man zumeist Fruchtkörper, deren Hut und Stiel mehr grau als braun gefärbt sind. Diese graue Spielart wird **Horngrauer Rübling** *(Collybia asema* FR.*)* genannt.

Praktischer Wert. Speisepilz mittlerer Güte, den man nur in pilzarmen Zeiten sucht. Unter dem Schnee findet man mitunter gefrorene Fruchtkörper; auch diese sind eßbar und können z. B. als Suppenpilze verwendet werden.

68. Gemeiner Rübling

Waldfreundrübling

Collybia dryophila (BULL. ex FR.) QUÉL.

eßbar

Der Gemeine Rübling ist ein schmächtiger und dünnfleischiger Pilz. Sein 2—6 cm breiter Hut ist braunockerfarbig, mitunter rötlich angehaucht, in der Jugend zumeist dunkler und flach-glockig, bald aber flach ausgebreitet, bei trockenem Wetter manchmal fast weißlich. Die Blätter sind weißlich, jedoch nicht reinweiß, sondern immer mit einer schwachen Tönung in der Farbe des Hutes; seltener haben sie einen Stich ins Gelbe oder Zitronengelbe. Der Stiel ist von gleicher Farbe wie der Hut, braun oder rötlichbraun, glatt und kahl, 3—7 cm lang, verhältnismäßig dünn (3—5 mm), nach unten zu verdickt, elastisch und hohl. Das sehr dünne Fleisch hat fast dieselbe Farbe wie der Hut und ist von mildem Geschmack und ziemlich angenehmem Geruch. Sporen farblos und glatt, $6—7 \times 3—4\ \mu$.

Vorkommen und Verbreitung. Sehr häufig in Nadel- und Laubwäldern. Der Gemeine Rübling sieht dem Nelkenschwindling sehr ähnlich, hat aber viel dichtere Blätter und wächst im Walde. Er kommt nicht nur überall in der nördlichen gemäßigten Zone, sondern auch in Süd- und Nordafrika und Ceylon vor.

Praktischer Wert. Ein guter, allerdings wenig ausgiebiger Speisepilz. Sein Sammeln lohnt sich nur, wenn er in großen Mengen auftritt und andere, fleischigere Speisepilze nicht wachsen.

69. **Spindeliger Rübling**

Collybia fusipes (BULL. ex FR.) QUÉL.
eßbar

Hut 4—10 cm im Durchmesser, glockig, ein wenig ausgebreitet, ockerfleischfarbig oder rotbraun, häufig rotbraun bis rot gefleckt, im Alter oft rissig. Blätter blaßfleischrötlich oder rötlichbräunlich, vielfach rot gefleckt, am Stiel angewachsen, später abgerissen und frei, mit welliger Schneide und in der Reife weißlich bestaubt. Stiel 6 bis 12 cm lang, unten wurzelähnlich verlängert, in der Mitte bauchig aufgedunsen und 1½—2 cm dick, braun oder rotbraun, oben etwas heller, grob und unregelmäßig längsgefurcht, zäh und fest. Fleisch blaß, fast geruch- und geschmacklos. Sporen glatt und farblos, 4—5,5×3 μ.

Vorkommen und Verbreitung. Der Spindelige Rübling wächst in Büscheln an den Wurzeln, Stümpfen und Stämmen von Eichen unweit der Erde. Er ist über ganz Europa verbreitet und wächst insbesondere in Eichenwaldgebieten.

Praktischer Wert. Speisepilz mittlerer Güte. Von den zähen Fruchtkörpern verwendet man für den Küchenbedarf lediglich die etwas mürberen Hüte. Jüngere Stücke eignen sich zum Einlegen in Essig.

70. **Samtfußrübling**

Winterling, Winterpilz
Flammulina velutipes (CURT. ex FR.) SINGER
Collybia velutipes (CURT. ex FR.) KUMMER
eßbar

Dieser Spätherbst- und Winterpilz wächst in Büscheln an lebenden und abgestorbenen Stämmen und Stümpfen von Laubbäumen. Die 2—7 cm breiten Hüte sind kahl, honiggelb, in der Mitte dunkler, bei feuchtem Wetter schlüpfrig. Am Hutrand scheinen die Blätter durch; sie stehen weit auseinander, sind von bleicher, ins Fuchsgelbe übergehender Farbe, ziemlich breit und am Stiel abgerundet. Der Stiel ist länger als der Durchmesser des Hutes und verhältnismäßig dünn (zumeist 4—9 mm stark), an der unteren Hälfte kastanienbraun, unterhalb des Hutes heller, weißlich, weiter unten gelbrötlich, auf der ganzen Oberfläche dicht und auffallend samtig behaart. Das dünne Fleisch ist gelblich, fast geruch- und geschmacklos. Sporen farblos, 8—11×3—4 μ.

Vorkommen und Verbreitung. Dieser auffällige Winterpilz erscheint zumeist erst im Spätherbst und wächst bei mildem Wetter bis ins Frühjahr hinein. Er wächst an lebenden oder toten Laubbäumen, nicht nur nahe dem Boden, sondern oft auch einige Meter oberhalb der Erde. Häufig findet man ihn auch in Parkanlagen. Er ist über die ganze nördliche gemäßigte Zone verbreitet und kommt auch in Australien vor.

Praktischer Wert. Ein guter Speisepilz, der sowohl als Suppenpilz als auch zur Zubereitung anderer Speisen verwendet werden kann. Er ist ein wirklich wertvoller, von erfahrenen Pilzsammlern geschätzter Pilz, denn er wächst zu einer Zeit, in der es keine anderen frischen Pilze gibt. Der Standort, die Jahreszeit, in der der Pilz wächst, sowie der samtige Stiel, der in der Reife zur Hälfte dunkelbraun ist, sind untrügliche Erkennungsmerkmale des Samtfußrüblings, die jede Verwechslung mit einem Giftpilz ausschließen. Sollte ihn trotzdem jemand z. B. mit dem Grünblättrigen Schwefelkopf oder mit einem anderen auch in Büscheln an Baumstämmen wachsenden Schwefelkopf verwechseln, so ist das kein Unglück. Alle diese Pilze sind ungiftig, und der Grünblättrige Schwefelkopf ist außerdem so bitter, daß er sicherlich niemandem schmeckt.

71. Rötlicher Bläuling

Lackbläuling, Lacktrichterling

Laccaria laccata (SCOP. ex FR.) BERK. et BR.

eßbar

Der gewölbte, im Durchmesser 2—4 (6) cm breite Hut dieses kleineren Pilzes ist von ziegelbrauner Farbe, die bei trockenem Wetter ockergelblich, manchmal schmutzigweiß ausbleicht. In der Jugend ist er fast kahl und glatt, später etwas flockig bis feinschuppig; manchmal hat er in der Mitte eine nabelartige Vertiefung, und mitunter ist sein Rand etwas unregelmäßig emporgeschlagen. Die fleischroten, ziemlich dicken Blätter stehen weit entfernt voneinander, sind angewachsen, laufen am Stiel kurz herab und sind in der Reife von den Sporen weiß-mehlig überpudert. Der manchmal kürzere, manchmal längere (3—12 cm), verhältnismäßig dünne (3—10 mm) Stiel ist von gleicher Farbe wie der Hut und fast überall gleich stark, grobfaserig gestreift, oft verbogen, an der Basis für gewöhnlich ein wenig verdickt und mit einem weißen Filz an den Grund angewachsen. Das Fleisch ist ebenfalls von derselben Farbe wie der Hut, zuweilen blasser und zumeist wässerig, bei trockenem Wetter etwas heller, fast geruch- und geschmacklos. Die farblosen Sporen haben eine eigenartige Form: sie sind rund (Durchmesser 7—10 μ) und stachelig wie ein Igel.

Vorkommen und Verbreitung. Der Rötliche Bläuling wächst hauptsächlich an Waldrändern, Waldwegen, auf Wiesen und auch im Walde. Farbe und Größe sind sehr veränderlich. Am besten erkennt man ihn an den fleischroten, weit entfernt voneinander stehenden, dicken und breit angewachsenen Blättern. Den sehr häufig vorkommenden Pilz findet man in der ganzen nördlichen gemäßigten Zone und auch in Nordafrika und Australien.

Praktischer Wert. Speisepilz mittlerer Güte, der nur in Ermanglung anderer, besserer Pilze gesammelt wird. Er ist dünnfleischig und wenig ausgiebig; da er jedoch zumeist in großen Gruppen auftritt, kann man leicht die für den Küchenbedarf notwendige Menge sammeln. Zum Essen eignen sich nur die Hüte; die Stiele sind viel zu zäh.

72. Violetter Bläuling

Laccaria amethystina (BOLT. ex FR.) BERK. et BR.
eßbar

Der vorigen Art, als deren Abart er angesehen wird, sehr ähnlich. Er unterscheidet sich vom Rötlichen Bläuling nur durch die amethystblaue Farbe des ganzen Fruchtkörpers. Sein Hut allerdings ist zumeist nur bei feuchtem Wetter und in der Jugend blau gefärbt; trockene und ältere Exemplare sind heller, oft fast weißlich ausgeblaßt. Dafür aber bleiben die Blätter fast immer leuchtend blau. Sie stehen verhältnismäßig weit auseinander, sind dick, breit an den Stiel angewachsen und etwas herablaufend. Der Stiel ist ebenfalls hellviolett gefärbt. Die Sporen haben dasselbe Aussehen wie die des Rötlichen Bläulings.

Vorkommen und Verbreitung. Man findet diesen Pilz zumeist in Wäldern, am häufigsten in Laubwäldern. Er wächst immer gesellig in Gruppen, kommt aber bedeutend seltener vor als der Rötliche Bläuling.

Praktischer Wert. Speisepilz mittlerer Güte, ähnlich dem Rötlichen Bläuling. Praktisch von geringer Bedeutung, da er verhältnismäßig selten vorkommt. Wir bilden ihn hauptsächlich wegen seiner nahen Verwandtschaft mit dem Rötlichen Bläuling und wegen seiner prächtigen amethystblauen Farbe ab, die uns im Walde entgegenleuchtet.

73. **Moosling**
Mehlräsling, Rosablättriger Krempling
Clitopilus prunulus (SCOP. ex FR.) KUMMER
eßbar

Der 3—6, manchmal bis 10 cm breite Hut ist weiß bis schwach graulich und feinfilzig, so daß er wie mit Reif bedeckt aussieht; er ist glanzlos, trocken, nur bei feuchtem Wetter ein wenig schlüpfrig, oft polsterförmig gewölbt, in der Reife flach ausgebreitet, in der Mitte vertieft und am Rande für gewöhnlich gewellt. Die in der Jugend weißen, später schwach fleischrosa angehauchten, in der Reife blaßrosenfarbigen, niedrigen Blätter stehen dicht und laufen bogenförmig am Stiel weit herab. Der zumeist ziemlich kurze, weißliche, 7—20 mm starke Stiel erweitert sich allmählich nach oben zu und geht in den Hut über. Das weiße und weiche Fleisch riecht ziemlich stark und auffallend nach frischem Mehl und ist von angenehmem Geschmack.

Sporen blaßgelblichrosa, 11—14× 4—6 μ, ellipsoid, an beiden Enden etwas zugespitzt und mit sechs Längsleisten verziert. Sporenstaub gelblichrosa.

Vorkommen und Verbreitung. Der Moosling wächst häufig in Laub- und Nadelwäldern, vor allem im Moos. Man begegnet ihm hauptsächlich an lichteren Stellen des Waldes, an Waldwegen, auf Schneisen und Lichtungen. Er ist über die ganze nördliche gemäßigte Zone verbreitet.

Praktischer Wert. Guter Speisepilz. Nur zum Einlegen in Essig eignet er sich wegen seines weichen Fleisches nicht.

74. Mairißpilz

Ziegelroter Faserkopf, Ziegelroter Rißpilz

Inocybe patouillardii BRES.

Inocybe lateraria RICKEN

sehr giftig

Der im Durchmesser 2,5—9 cm große, zuerst weiße, später gelblichrötliche Hut wird an verletzten Stellen und im Alter allmählich rot, so daß er einen mehr zinnoberbräunlichen Farbton hat. In der Jugend ist er kegelförmig, breitet sich dann aus, hat aber fast immer in der Mitte einen deutlichen Buckel, und zwar auch dann, wenn im Alter sein Hutrand emporgeschlagen ist. Blätter ziemlich breit, am Stiel tief ausgebuchtet, fast frei, weiß, im Alter olivbräunlich; bei Verletzungen und mit der Zeit werden sie mehr oder weniger rot oder rötlich gefleckt. Stiel anfangs weiß, dann zinnoberrötlich, 3—20 cm lang, 8—20 mm dick, walzenförmig, faserig, unten oft etwas gekrümmt, am Grunde knollig verdickt. Fleisch weiß, im Hut schwach rosa gefärbt, von schwachem Obstgeruch und nicht scharfem Geschmack. Sporen lehmbraun, unter dem Mikroskop heller, bohnenbzw. eiförmig, 9—14,5× 5—8 μ. An den Blattschneiden befinden sich 50—80μ× 8—12μ große Cheilocystiden (schwachhäutige, keulenförmige Zellen).

Vorkommen und Verbreitung. Im Sommer und Herbst

in Laubwäldern und Parkanlagen, zumeist an helleren Plätzen unter Buchen und Linden. Er wächst in ganz Europa.

Praktischer Wert. Gefährlicher Giftpilz! Er hat schon viele tödliche Vergiftungen verursacht. In Frankreich, in der Schweiz und auch in Teilen Deutschlands, wo dieser Pilz in größeren Mengen vorkommt, gehört er zu den gefährlichsten Giftpilzen, denn unerfahrene Pilzsammler verwechseln ihn manchmal mit dem Maipilz. Er ist ebenfalls von weißer Farbe und erscheint ziemlich früh im Sommer. Der Maipilz aber wird nie rot. Der Mairißpilz enthält ca. 0,04% Muskarin. Bereits 400—500 g des frischen Pilzes genügen, um eine tödliche Vergiftung hervorzurufen.

Dem Mairißpilz sehr ähnlich sieht der bei uns häufiger vorkommende **Godeys Faserkopf** (*Inocybe godeyi* GILL), auch **Rötender Faserkopf** genannt. Er wächst an ähnlichen Stellen wie der Mairißpilz, ist aber etwas kleiner, sein Hut ist zunächst schmutziggelb, dann ungleichmäßig ockerzinnoberfarbig getönt. Die Blätter sind weißlich, etwas rosa angehaucht, später olivbraun. Der Stiel ist dünner (6—10 mm) und verdickt sich am Grunde zu einer ziemlich auffallenden und wie abgeschnitten aussehenden Knolle. Er ist an den Blattschneiden und -flächen mit Cystiden besetzt, und seine 10—15× × 6—7,5 μ großen Sporen sind von Mandel- bzw. Zitronenform. Er ist — zum Unterschied vom Mairißpilz — nur schwach giftig. Um eine tödliche Vergiftung herbeizuführen, müßte ein erwachsener Mensch 3 - 5 kg frischer Pilze verzehren.

75. Ziegelgelber Schleierpilz

Bunter Schleimkopf

Cortinarius varius (SCHAEFF. ex FR.) FR.

eßbar

Hut 5—10 cm im Durchmesser, gelborange- bis fahlrostfarbig, am Rande gelber, halbkugelig gewölbt, dann flach ausgebreitet, bei Feuchtigkeit stark schleimig, kahl und glatt, mit in der Jugend eingerolltem Rand. Der Hutsaum ist mit dem Stiel durch einen spinnwebartigen Schleier verbunden. Die Blätter stehen gedrängt, sind von violetter Amethystfarbe, später ockerzimtfarbig, haben gerade, violette Schneiden, sind am Stiel ausgebuchtet und in der Reifezeit ziemlich hoch. Stiel verhältnismäßig stark, am Grunde keulenförmig verdickt, mit anliegenden Fasern und Flocken bedeckt, weiß, unterhalb des Hutes leicht violett überhaucht, unten eher mit einem Stich ins Cremegelbe, später von den herausfallenden Sporen rostfarbig gepudert. Fleisch ziemlich fest und dick, weiß, im Stiel mit einem leichten Stich ins Gelbliche, fast geruch- und geschmacklos. Sporen fahlrostfarbig, mandelförmig, mit dornigen Warzen besetzt, 10 — 12×6—7 μ groß.

Vorkommen und Verbreitung. Im Spätsommer und Herbst in Nadelwäldern gesellig, zuweilen in großen Mengen. In manchen Gegenden findet man ihn selten, in anderen trifft man ihn sehr häufig an.

Praktischer Wert. Guter Speisepilz, den man in der Küche auf die verschiedenste Art verwerten kann. Besonders gut schmeckt er, mit anderen Pilzen gemischt, in Essig eingelegt.

76. Frühlingsrötling

Schildrötling

Entoloma clypeatum (L. ex FR.) QUÉL.

Rhodophyllus clypeatus (L. ex FR.) QUÉL.

eßbar

Hut 2—12 cm im Durchmesser, in feuchtem Zustand dunkelgrau oder braun bis dunkelbraun, trocken für gewöhnlich etwas heller, blaßgrau oder blaßbraun bis fast weiß, beim Trocknen am Rande etwas marmorartig gefleckt, bei Feuchtigkeit etwas schlüpfrig, mit feinen eingewachsenen Fasern dunkler gestreift, gewölbt und gebuckelt, später ausgebreitet, in der Reifezeit am Rande oft lappig gewellt. Die eher weitstehenden, zur Reife ziemlich hohen Blätter sind am Stiel angeheftet und stark ausgeschnitten oder buchtig angeheftet, in der Nähe des Stiels breiter und haben in der Reife ungleiche Schneiden. Zuerst sind sie weißlich, werden jedoch bald von den heranreifenden Sporen fleischrosa gefärbt und stark überpudert. Stiel reinweiß, seltener weißlich, im Alter wellig-watteartig ausgestopft, 7 — 20 mm dick und 5—10 cm lang, am Grunde oft etwas verdickt, wollig-faserig oder auch etwas seidig, mit faserigem Fleisch. Das Hutfleisch ist weiß, unterhalb der Huthaut (die fast bis zur Mitte abziehbar ist) etwas schmutzigbräunlich, von deutlich mehlartigem Geruch und etwas gurkenartigem Geschmack. Sporenstaub lachsrosa. Sporen kantig, im Umriß kugelförmig, 9,2—12,5 × 8,5—10 μ.

Vorkommen und Verbreitung. Zumeist gesellig in Gruppen im Frühjahr an Waldrändern, in Straßengräben, in Gärten unter Obst-, vor allem unter Pflaumenbäumen. Manchmal erscheint der Pilz von neuem im Herbst (September und Oktober).

Praktischer Wert. In großen Mengen, vor allem im Mai wachsender Speisepilz. Gut gekocht ist der Frühlingsrötling ungiftig. Es ist jedoch nicht ausgeschlossen, daß er roh nicht ganz ungefährlich ist. Er gehört zu der Gruppe der Pilze mit kantigen, rosaroten Sporen (Rhodogoniosporaceae), die zumeist mehr oder weniger giftig sind. Wir empfehlen daher, ihn nur im Frühjahr zu sammeln, wenn ein Verwechseln mit den ihm ähnlichen Arten der Rötlinge und Glöcklinge viel unwahrscheinlicher ist als im Sommer und Herbst. Er wird auch öfter mit dem ebenfalls im Mai und oft an denselben Standorten vorkommenden Maipilz verwechselt. Außerdem aber kann er auch mit dem ähnlichen und sehr giftigen Riesenrötling oder dem ebenfalls sehr giftigen Ziegelroten Faserkopf verwechselt werden.

77. Riesenrötling

Bleicher Rötling, Leichenfarbiger Rötling
Entoloma sinuatum (BULL. ex FR.) KUMMER
Acurtis sinuata (BULL. ex FR.) SINGER
Entoloma lividum (BULL. ex FR.) KUMMER
Rhodophyllus lividus (BULL. ex FR.) QUÉL.
sehr giftig

Verhältnismäßig großer Pilz, dessen 4—17 cm breiter Hut anfangs fast weißlich oder grauockerfarbig, dann hellgraubräunlich, bald kahl und glatt ist; er zeigt eine eingewachsene faserige Netzzeichnung, ist später seidig glänzend und ändert in feuchtem Zustand seine Farbe nicht. Anfangs ist er leicht gewölbt mit eingerolltem Rand, dann flach gewölbt mit etwas welligem Rand. Blätter in der Jugend weißlich, später hellgelblich-blaßlachsrosa bis lachsrosa, oft an der Schneide gelblich, breit am Stiel angewachsen und ausgebuchtet. Stiel weiß, später etwas gelblich, an Druckstellen schmutziggelblich, fest, in der Mitte etwas weicher, mit schwammigem Gewebe ausgestopft, nach unten etwas keulenförmig verdickt. Das weiße Fleisch schmeckt angenehm und riecht anfangs nach Mehl und leicht nach Drogen, später wird der Geruch etwas unangenehm. Sporenstaub fleischrosa. Sporen kantig, blaßgelblichrosa, im Umriß fast sechseckig und abgerundet, 9—11 × 8—9 μ groß.

Vorkommen und Verbreitung. Für gewöhnlich gesellig in lichten Laubwäldern, vorzugsweise in Eichen- und Buchenwäldern, aber auch unter Akazien u. ä. Der Riesenrötling wächst in verschiedenen Gebieten Europas, ist aber glücklicherweise ziemlich selten.

Praktischer Wert. Ein sehr giftiger Pilz. Auch eine kleine Menge dieses Pilzes bewirkt nach 20—120 Minuten schmerzhaftes Erbrechen und Durchfall mit nachfolgendem Kräfteverlust. Diese Symptome werden dann allmählich schwächer, dauern aber meistens einige Tage an. Es sind auch Fälle mit tödlichem Ausgang bekannt. Insbesondere junge Fruchtkörper sehen dem Maipilz sehr ähnlich und können mit diesem verwechselt werden. Junge Riesenrötlinge haben nämlich fast reinweiße Blätter. Erst später, wenn der fleischrötliche Sporenstaub die weiße Farbe der Blätter verdeckt, zeigen die Blätter die typische fleischrötliche Farbe. Die fast weiße Farbe und der angenehme Geschmack verleiten zum Sammeln dieses fleischigen Pilzes. Er erscheint später als der Maipilz, zumeist erst im Sommer und Herbst. Manchmal findet man allerdings die ersten Fruchtkörper auch schon Ende Mai.

78. **Stockschwämmchen**

Laubholzschüppling, Lippertzgen, Stockschüppling

Kuehneromyces mutabilis (SCHAEFF. ex FR.) SING. et SMITH

Pholiota mutabilis (SCHAEFF. ex FR.) KUMMER

schmackhafter Speisepilz

Das Stockschwämmchen wächst büschelweise an verrotteten Laubholzstümpfen und -stämmen. Die einzelnen 2—7 cm breiten Hüte sind in feuchtem Zustand von dunklerer Färbung als in trockenem. Halbtrockene Fruchtkörper haben, weil sie vom Scheitel zu trocknen beginnen, am Hutrand einen dunklen Streifen. Durchnäßte Hüte sind rostbraun und etwas schlüpfrig, trockene honig- oder ockergelb. Die Hüte sind zumeist kahl, seltener mit einigen wenigen vergänglichen Schuppen bedeckt. Die Blätter sind eng gestellt und haben in der Jugend eine blaßbräunliche und später eine zimt- bis rostbraune Farbe. Der 5—8 mm dicke, walzenförmige, ziemlich zähe, braune, unten bis schwarzbraune Stiel trägt in der oberen Hälfte einen häutigen Ring, der in der Jugend als weißlicher Schleier die Blätter schützt. Über dem Ring ist der Stiel glatt oder fein gestreift, unterhalb deutlich mit dunkelbräunlichen Schüppchen bedeckt. Das Hutfleisch ist weißlich und weich, das Stielfleisch rostbraun und ziemlich zäh. Sporenstaub rostbraun. Sporen eiförmig, am Scheitel (infolge der verhältnismäßig großen Keimöffnung) wie abgeschnitten, glatt, 6—7 $\times$ 3,5—4 μ groß.

Vorkommen und Verbreitung. Das Stockschwämmchen ist ein sehr verbreiteter Pilz, der an Baumstümpfen, umgefallenen modernden Baumstämmen und an abgestorbenen Teilen lebender Laubbäume nahe dem Erdboden wächst. Seine mächtigen Büschel hüllen manchmal ganze Baumstümpfe und -stämme ein, so daß man ihn — trotz der verhältnismäßig kleinen Hüte — ziemlich schnell sammelt. Das Stockschwämmchen findet man in der ganzen nördlichen gemäßigten Zone vom Frühling bis in den Herbst.

Praktischer Wert. Ausgezeichneter Speisepilz, den man sowohl als Suppenpilz als auch als Würzpilz für Fleischspeisen verwenden kann. Zum Einlegen in Essig ist er nicht geeignet. Die Suppe färbt er dunkelbraun.

79. Runzelschüppling

Reifpilz, Schulmeisterpilz, Zigeunerpilz

Rozites caperata (PERS. ex FR.) KARST.

Pholiota caperata (PERS.) QUÉL.

eßbar

Hut 5—12 cm im Durchmesser, in der Jugend fast kugelig, mit eingerolltem Rand, ocker-semmelfarbig und von einer weißlichvioletten, sehr dünnen Hüllhaut umgeben, die auf der Oberfläche des Hutes einen seidigen Überzug bildet. Später breitet sich der Hut kegelig glockenförmig bis fast flach aus, ist ockerfarbig und nur am Scheitel von den Resten der Hüllhaut wie mit Reif bedeckt. Zwischen Hutsaum und Stiel ist in der Jugend ein Schleier ausgespannt, der die jungen Blätter verdeckt und dann am Stiel einen weißen, später blaßgelblichen, in der Reife für gewöhnlich schräg gestellten Ring zurückläßt. Die Blätter sind am Stiel angeheftet und mit Zähnchen ausgebuchtet; sie sind zuerst blaßlehmfarbig, später rostfarbig und haben gezähnte Schneiden. Stiel weißlich, später gelblich, unten mit scheidenartigem, festgewachsenem, oft etwas violettlichem Hüllrest bedeckt. Hüllreste finden wir manchmal auch etwas höher am 15 bis 20 mm dicken und 7—12 cm langen, walzenförmigen, faserig gestreiften und sich manchmal nach unten verdickenden Stiel. Fleisch weiß oder weißgelblich, fast geruch- und geschmacklos. Sporenstaub ockerrostfarbig. Sporen ei- bzw. zitronenförmig, warzig, 11—13 × × 7,5—9 μ.

Vorkommen und Verbreitung. Im Sommer und Herbst in Wäldern aller Art, vorwiegend aber auf sauren Böden in Gebirgswäldern. Sehr häufig vorkommender, in manchen Gegenden aber überhaupt nicht auftretender Pilz.

Praktischer Wert. Guter Speisepilz, in vielen Städten auch beliebter Marktpilz, der auf verschiedene Weise schmackhaft zubereitet werden kann.

80. Ziegelroter Schwefelkopf

Naematoloma sublateritium (FR.) KARST.
ungenießbar

Hut 3—10 cm im Durchmesser, zumeist blaßziegelrot oder fahlrötlich, am Rande heller, glatt und kahl. In der Jugend hängen oft seidige und schuppige weißliche Hüllreste vom Hut und vor allem vom Hutrand, die dann vom Regen weggespült werden. Die Blätter stehen dicht, sind am Stiel angeheftet oder etwas ausgebuchtet, in der Jugend gelblich, bald jedoch gelbbraun bis rußfarbig und schließlich oliv-schwarz. Der 7—12 mm dicke und 7—12 cm hohe Stiel ist blaßgelb, unten mit einem Stich ins Rostfarbige und trägt auf der oberen Hälfte einen spinnwebartigen, weißlichen Schleier, der später reißt und von den fast schwarzen Sporen bestaubt wird. Das Fleisch ist weißlich, später gelb, hat keinen besonderen Geruch und schmeckt bitter. Sporenstaub dunkelbraun mit einem Stich ins Rötliche. Sporen braunpurpurfarbig, ellipsoid, 6—8 × 3—4,3 μ.

Vorkommen und Verbreitung. Im Herbst verhältnismäßig häufig; in Büscheln, seltener einzeln an Baumstümpfen und moderndem Holz im Walde. Er ist über die ganze nördliche gemäßigte Zone verbreitet und wächst auch in Australien.

Praktischer Wert. Der Ziegelrote Schwefelkopf ist kein ausgesprochener Giftpilz, aber wegen seines bitteren Geschmacks ungenießbar.

81. Grünblättriger Schwefelkopf

Naematoloma fasciculare (HUDS. ex FR.) KARST.
ungenießbar

Hut 3—6 cm im Durchmesser, am Scheitel orangefuchsrot, gegen den Rand schwefelgelb, dünnfleischig, in der Reife kahl und glatt, anfangs glockig, später ausgebreitet und stumpfbuckelig. In der Jugend verbindet ein Schleier den Hutrand mit dem Stiel. Blätter in der Jugend schwefelgelb, bald aber grün oder braungrün, später vom schokoladeschwarzbraunen Sporenstaub fast schwarz gefärbt. Stiel 3—5 mm dick, schwefelgelb, dann rostfarbig-faserig, am Grunde mit den Nachbarstielen zu Büscheln verwachsen, zumeist walzenförmig und verbogen, oben mit faserigen Schleierresten behangen. Fleisch schwefelgelb, unten im Stiel zumeist etwas bräunlich, fast geruchlos und von widerlich bitterem Geschmack. Sporenstaub schokoladefarbig. Sporen braun mit einem Stich ins Rote, ellipsoid, 5,5—7 × 4—5 μ.

Vorkommen und Verbreitung. In dichten Büscheln an Baumstümpfen, moderndem Holz und am Grunde faulender Baumstämme, manchmal auch an in der Erde verborgenen Wurzeln, so daß die Fruchtkörper scheinbar auf der Erde wachsen. Man findet den über die ganze nördliche gemäßigte Zone und in Australien verbreiteten Pilz das ganze Jahr hindurch, hauptsächlich aber im Herbst.

Praktischer Wert. Der Grünblättrige Schwefelkopf ist nicht ausgesprochen giftig, aber wegen seines widerlich bitteren Geschmacks ungenießbar. Er sieht dem Ziegelroten Schwefelkopf (Nr. 80) sehr ähnlich. Von eßbaren Pilzen könnte er vielleicht mit dem Stockschwämmchen verwechselt werden, das aber angenehm schmeckt und am Stiel unterhalb des dunkelbraunen, schuppigen Ringes braun gefärbt ist.

82. **Wiesenchampignon**

Feldchampignon, Feldegerling, Heiderling, Angerling, Brachschwamm, Erdgürtel, Lohtäuberl

Agaricus campestris L. ex FR.

Psalliota campestris (L.) KUMMER

schmackhafter Speisepilz

Hut 5—10 cm im Durchmesser, selten größer, jung fast kugelig, eher höher als breit — aber nie so breit wie der Hut des gezüchteten **Gar-**

tenchampignons *(Agaricus hortensis)* —, später fast glockig-gewölbt und am Scheitel zumeist verflacht, schließlich fast flach ausgebreitet. In der Jugend ist er reinweiß, glatt und seidig-faserig, am Rand oft vom durchscheinenden Fleisch und den Blättern rosa angehaucht; später bilden sich auf der Oberfläche schwach bräunliche Fasern, die sich zu mehr oder weniger bräunlichen, kleineren oder größeren, angeklebten Schuppen entwickeln. In der Reifezeit, namentlich bei trockenem Wetter, zerspringt fast die ganze Oberfläche, und es bilden sich tiefe Schuppen und am Scheitel Felder. Die Blätter haben in der Jugend eine schöne rosa Farbe, bei frisch gepflückten Pilzen sind sie fleischrot; im Laufe der Entwicklung des Fruchtkörpers werden sie schokoladebraun und schließlich fast schwarz; in diesem Entwicklungsstadium durchnässen sie, von der Schneide beginnend. Sie sind in der Regel ebenso breit, wie das Fleisch des Hutes dick ist, und haben an der Schneide zumeist die gleiche und nicht eine weißliche Farbe. Stiel walzenförmig, für gewöhnlich verhältnismäßig kurz, selten länger als der Durchmesser des Hutes, zumeist nicht übermäßig dick, ohne Knollen, eher nach unten sich verjüngend, weiß, kahl, glatt und voll. Manchmal schimmert an der Oberfläche des Stiels das rosafarbene Fleisch etwas durch. Später wird der Stiel dunkler und schmutzig, am Grunde bis bräunlich oder rostbraun. Etwas oberhalb der Mitte trägt er einen weißen, einschichtigen, dünnhäutigen, nach oben angewachsenen, bald welkenden und leicht abfallenden Ring, der gleich beim Öffnen des Hutes zerreißt, so daß seine Reste in Form weißer, unregelmäßiger Zipfel am Hutrand hängen bleiben. Manchmal findet man unterhalb des Ringes an der Stielbasis undeutliche Streifen; es sind das die letzten Reste einer kaum entwickelten Hüllhaut. Das Fleisch, insbesondere das Stielfleisch, ist weiß oder wässerig-rosa und verfärbt sich zumeist schwach, seltener intensiv fleischrosa. Oberhalb der Blätter und dort, wo der Stiel in den Hut übergeht, hat es oft einen Stich ins Graue und in der Stielbasis einen Stich ins Orangefarbige. Geschmack und Geruch angenehm nach Pilzen. Sporen ellipsoid 7—10 × 3—6 μ. Die Cystiden an den Blattschneiden sind wenig entwickelt. Die Basidien tragen je vier Sporen.

Vorkommen und Verbreitung. Häufig im Sommer und Herbst im Gras, vor allem auf mit Jauche gedüngten Wiesen, in Straßengräben und an ähnlichen Plätzen der ganzen nördlichen gemäßigten Zone und Australiens.

Praktischer Wert. Ausgezeichneter Speisepilz, etwas weniger fleischig als der Gartenchampignon. Früher war die Ansicht verbreitet, daß der Gartenchampignon, dessen Basidien je zwei Sporen tragen, durch Züchtung des Wiesenchampignons entstanden ist. Diese Ansicht hat sich jedoch als falsch erwiesen. Der Wiesenchampignon kann nicht auf Dung gezüchtet werden. Wiesen- und Gartenchampignon sind zwei völlig verschiedene Pilzarten, die an verschiedenen Standorten und unter ganz verschiedenen Lebensbedingungen wachsen.

83. **Echter Waldegerling**

Kleiner Blutchampignon, Waldchampignon
Agaricus silvaticus SCHAEFF. ex SECR. ss. KRBH.
Psalliota silvatica (SCHAEFF. ex SECR.) KUMMER
eßbar

Hut 4—8 (10) cm im Durchmesser, schmutzig-zimtbraun, blaßumbrafarben, kurzfaserig-schuppig oder zunächst nur faserig und später in größere Schuppen zerrissen, verhältnismäßig dünnfleischig. Blätter in der Jugend lachsrosa oder blaß graurötlich, zuletzt dunkelschokoladebraun. Stiel walzenförmig, glatt und kahl, schlank und verhältnismäßig dünn, am Grunde in der Regel verdickt und mit weißen Pilzfäden überzogen, oben mit einem breiten abstehenden Ring verziert, der in der Jugend die Blätter verdeckt. Verletzte Stellen am Hut, Ring und den Blättern verfärben sich lebhaft rot; die rote Farbe geht dann später ins Braune über. Fleisch weiß, an der Schnittfläche (insbesondere bei jungen Exemplaren) lebhaft rot anlaufend, angenehm nach Pilzen schmeckend und, zwischen den Fingern zerrieben, von starkem Pilzgeruch. Sporen klein, eiförmig, rotbraun, $5{,}5—6 \times 3{,}5—4\,\mu$. An den Schneiden der Blätter befinden sich dünnwandige, birnenförmige, sterile Zellen, sog. Cheilocystiden, die den Blattschneiden eine weißliche Farbe verleihen.

Vorkommen und Verbreitung. Sehr häufig im Sommer und Herbst in Fichtenwäldern, vor allem auf Kalkböden.

Praktischer Wert. Guter Speisepilz, jedoch weniger fleischig als der Wiesenchampignon und von düsterer Farbe. Sein Fleisch läuft an der Luft an und wird aus diesem Grunde nicht sehr geschätzt.

Dem Waldegerling sehr ähnlich ist der **Blutegerling** (*Agaricus haemorrhoidarius* SCH. in KALCHBR.). Er ist größer und fleischiger als der Waldegerling, und auch seine Sporen sind größer (7,5—10× × 4,5—5,5 μ). Im Geschmack kommt er dem Waldegerling gleich, wächst auch an denselben Standorten, ist aber viel seltener.

84. Schafchampignon

Guckmucke, Weißer Anisegerling

Agaricus arvensis SCHAEFF. ex FR.

Psalliota arvensis (SCHAEFF. ex FR.) KUMMER

vorzüglicher Speisepilz

Hut 6—15, manchmal auch bis 20 cm im Durchmesser, anfangs kugelig bis kegelig, meistens am Scheitel flach, dann glockig, später flach ausgebreitet, in der Jugend weiß, später — und manchmal auch schon in der Jugend — gelblich überhaucht, dann für gewöhnlich mehr oder weniger cremegelblich (bei trockenen Fruchtkörpern bis blaßzitronengelb), im Alter schließlich ockergelb-rostfarbig. Verletzte Stellen am Hut oder Stiel laufen — insbesondere in der Jugend — ziemlich schnell gelb an und verfärben sich dann verhältnismäßig rasch braunrostfarbig. Die Hutoberfläche ist in der Jugend seidig und etwas seidig-glänzend, aber manchmal von Jugend an bereits zartflockig-schuppig, im Alter für gewöhnlich glatt und glänzend. Blätter schmutzigweißlich bis graurosa, zuletzt rotbraun bis schwarz, im Alter durchfeuchtet. Der Stiel ist mit wattig-schwammigem Mark ausgestopft, im Alter hohl, ziemlich schlank und weiß; später beginnt er von der Spitze dunkler zu werden und wird gelblich-rostfarbig. Oben ist er in der Regel etwas verjüngt oder walzenförmig, am Grunde hingegen verdickt er sich zumeist zu einer abgesetzten, unten flachen Knolle; seltener ist er am Grunde nicht verdickt, immer aber flach, wie wenn er abgeschnitten wäre. Er ist 7—10 cm lang und 1,5—2,5 cm (an der Stielbasis bis 3,5 cm) dick. Auf der oberen Hälfte trägt er einen häutigen, später herabhängenden und am Stiel klebenden, zweischichtigen (die Schichten sind oft nicht deutlich sichtbar), weißen, später gelblichen und unten flockig-schuppigen Ring. Das Fleisch ist fest, weiß, an der Luft verfärbt es sich gelb (später geht die gelbe Farbe ins Rostfarbige oder Braunrostfarbige über). Frisches Fleisch, vor allem von jungen Fruchtkörpern, hat einen angenehmen Anisgeruch und schmeckt angenehm nach Pilzen. Im Alter und beim Eingehen verlieren die Fruchtkörper oft den typischen Anisgeruch. Die Basidien enthalten je vier Sporen. An den Blattschneiden befinden sich beutelartige Zellen (Cheilocystiden). Sporen ellipsoid, rotbraun, 8—10 × 4,5—5 μ.

Vorkommen und Verbreitung. Sehr häufig in Wäldern aller Art, vor allem in Fichtenwäldern. Er ist über die ganze nördliche gemäßigte Zone verbreitet.

Praktischer Wert. Einer der besten Speisepilze unserer Wälder, wohlschmeckender als der gezüchtete Gartenchampignon. Er ist besonders beliebt als Würzpilz für die Zubereitung von Fleischspeisen. Der Schafchampignon ist sehr veränderlich, so daß der Kreis der nahen gleichwertigen Artverwandten dieses Pilzes verhältnismäßig groß ist.

85. Parasolpilz

Großer Schirmling, Riesenschirmling,
Riesenschirmpilz
Macrolepiota procera (SCOP. ex FR.) SINGER
Lepiota procera (SCOP. ex FR.) QUÉL.
eßbar

Der im Durchmesser 10—30 cm große Hut ist anfangs eiförmig oder kugelig und fast nicht rissig; erst durch die Entfaltung des Hutes zerreißt die Oberhaut in braune oder bräunliche, dachziegelartig angeordnete Schuppen, zwischen denen das weiße, wattige Fleisch durchscheint. Nur in der Mitte reißt die Oberhaut nicht, und dieser Teil des Hutes bleibt daher einheitlich braun. Der voll entwickelte Hut ist flach ausgebreitet und in der Mitte mit einem ausgeprägten und stumpfen Höcker verziert. Die Blätter sind weiß, gedrängt, bauchig und vom Stiel durch einen kleinen Zwischenraum getrennt. Der Stiel ist schlank, 20—40 cm hoch, später hohl, leicht vom Hut trennbar, in der Jugend einheitlich bräunlich; später zerreißt die braune Oberhaut des Stiels und bildet unregelmäßige ringförmige Schuppen, zwischen denen das weiße Fleisch zum Vorschein kommt. Im oberen Drittel trägt der Stiel einen verschiebbaren Ring, dessen doppelter Rand in Zipfel gerissen erscheint. Das Fleisch im Hut ist weiß, in der Reifezeit ziemlich weich und wattig, im Stiel zäh und holzig, von starkem, angenehmem Geruch und ebenfalls angenehmem Geschmack. Bei Verletzungen verfärbt es sich nicht. Sporen farblos, ellipsoid, 15—20× 10—13 μ.

Vorkommen und Verbreitung. Sehr häufig in lichten Waldungen, an Waldrändern, in Lichtungen, zumeist auf grasigen Plätzen. Der Parasolpilz wächst in der ganzen nördlichen gemäßigten Zone und auch in Australien, Afrika und Indien.

Praktischer Wert. Speisepilz, den man wegen seines starken Aromas am besten als Mischpilz verwertet oder auf besondere Art zubereitet. Sehr schmackhaft sind z. B. ganze junge Hüte wie Schnitzel paniert und gebacken. Der Parasolpilz ist ein so typischer, unverwechselbarer Pilz, daß ihn auch jeder Anfänger leicht erkennen kann. Er könnte möglicherweise mit dem Rötenden Schirmling (Nr. 86), dessen Fleisch sich an der Luft rot verfärbt, oder mit dem viel kleineren **Zarten Schirmling** *(Lepiota mastoidea)* verwechselt werden. Diese beiden Arten sind jedoch ebenfalls eßbar und schmackhaft.

86. Rötender Schirmling

Macrolepiota rhacodes (VITT.) SINGER
Lepiota rhacodes (VITT.) QUÉL.
eßbar

Hut 5—15 cm im Durchmesser, anfangs kugelig, später glockig bis flach ausgebreitet, in der Mitte mehr oder weniger stumpfbuckelig. Die Hutoberfläche ist in auffallend breite und große, zuerst blasse, später braune und im Alter dunkelbraune Schuppen zersprungen. Die bauchigen, weißen Blätter stehen gedrängt und etwas vom Stiel entfernt; sie laufen bei Verletzungen zuerst rötlich und später braun an und sind im Alter an der Schneide rötlich gefärbt. Der 12—15 cm lange und 10—15 mm dicke Stiel ist weißlich oder schmutzigweiß, später rötlichbraun und verfärbt sich bei Verletzung oder Druck zunächst rötlich und später bräunlich; an der Basis verdickt er sich knollenartig und erreicht oft eine Stärke von 4—5 cm. Auf der oberen Hälfte trägt er einen verschiebbaren, wattig-faserigen Ring mit zweischichtigem Rand. Das weiße Fleisch läuft an der Luft (beim Aufschneiden) orangerot an; später geht diese Farbe ins Rote und schließlich ins Rostfarbige über. Geruch ziemlich stark und angenehm, Geschmack ebenfalls angenehm. Sporen ellipsoid, farblos, glatt, 10—12 × 6—7 μ.

Vorkommen und Verbreitung. Am häufigsten in Nadelwäldern, stellenweise in Laubwäldern oder auch in Hainen und sogar in Gärten. Er ist in der ganzen nördlichen gemäßigten Zone beheimatet.

Praktischer Wert. Ein ebenso guter Speisepilz wie der Parasolpilz, von dem er sich durch sein rötendes Fleisch, den nicht schuppigen Stiel und die meist dickeren und größeren Schuppen am Hut unterscheidet. In Gärten an gedüngten Stellen, z. B. auf Kompost, wächst eine fleischigere und schönere Abart als die im Walde vorkommende Form, der **Gartenschirmling** (var. *hortensis* PILÁT). Das Fleisch des Gartenschirmlings verfärbt sich nicht so stark, und der Hut schimmert daher zwischen den braunen Schuppen eher weiß durch, was dem ganzen Pilz ein helleres Aussehen verleiht.

87. **Grüner Knollenblätterpilz**

Gichtschwamm, Giftchampignon, Giftgrünling, Grüner Schierlingschwamm, Grüner Wulstling
Amanita phalloides (VAILL. ex FR.) SECR.
lebensgefährlich giftig

Hut 6—15 cm im Durchmesser, glatt, bei feuchtem Wetter etwas schlüpfrig, ohne Warzen oder nur mit einem oder einigen wenigen unregelmäßigen weißen Hüllresten bedeckt, bei trockenem Wetter glänzend, zumeist dünnfleischig, grün oder braungrün, seltener gelbgrün oder graugrün bis ausgeblaßt, ausnahmsweise weiß (siehe Frühlingsknollenblätterpilz Nr. 88), mit dunkleren, eingewachsenen Fasern geädert. Blätter weiß, dichtstehend, am Stiel abgerundet. Der Stiel verdickt sich am Grunde zu einer kugeligen, ziemlich weichen Knolle, die für gewöhnlich in der Erde steckt und in eine halbfreie, weißhäutige, verhältnismäßig hohe und oben lappige Scheide eingehüllt ist. Der Stiel ist 8—12 mm stark, zuerst weiß, in der Reife für gewöhnlich gelblich oder graulich; seine Oberfläche ist zersprungen und bildet zickzackartige Schuppen, zwischen denen das weiße Fleisch durchschimmert. In der oberen Hälfte oder im oberen Drittel trägt er einen weißen oder blaßgelblichen, weichen, dünnhäutigen Ring, der in der Jugend den Hutrand mit dem Stiel verbindet und die Blätter verdeckt. Fleisch weiß, unterhalb der Oberhaut zumeist gelblichgrünlich, in der Jugend fast geruchlos, später nach rohen Kartoffeln riechend und fast geschmacklos. Sporen farblos, fast rund und glatt, 8—10 μ im Durchmesser.

Vorkommen und Verbreitung. Ziemlich häufig vor allem im Sommer, vereinzelt auch bis in den Spätherbst in Laub- und Mischwäldern. Der Grüne Knollenblätterpilz bevorzugt wärmere Lagen. Er ist in der ganzen nördlichen gemäßigten Zone beheimatet.

Praktischer Wert. Der giftigste Pilz unserer Wälder, auf dessen Konto jährlich viele tödliche Vergiftungen zu setzen sind. Wegen seines grünen (beim Frühlingsknollenblätterpilz reinweißen), nicht mit Warzen bedeckten Hutes, wird er von unerfahrenen Pilzsammlern oftmals nicht als Wulstling angesehen und für einen Grünling, Champignon oder sogar Parasolpilz gehalten. Junge Fruchtkörper fallen weder durch ihren Geruch noch durch ihren Geschmack auf.

Der Grüne Knollenblätterpilz enthält einige Giftstoffe. Es sind Phallotoxine, von denen das bekannteste das Phalloidin ist, und Amatoxine, von denen wiederum α-Amanitin das bedeutendste ist. Die tödliche Dosis des Phalloidins für eine Maus ist ca. 1/20 mg. Das Amanitin ist so stark giftig, daß 1/200 mg eine Maus in 2—3 Tagen tötet. Diese Dosis ist so gering, daß eine Messerspitze dieses Giftes (im Gewicht von einem halben Gramm) zur Vernichtung von 100.000 Mäusen ausreichen würde, die nebeneinandergelegt eine 18 km lange Reihe bilden würden, an der man im Militärschritt 4½ Stunden entlangmarschieren müßte. Vergiftungen mit dem Grünen Knollenblätterpilz haben in der Regel einen tödlichen Ausgang. Die ersten Anzeichen der Vergiftung treten im allgemeinen erst 8—12 Stunden (manchmal sogar 24—40 Stunden) nach dem Genuß des Pilzgerichtes auf, also zu einer Zeit, in der sich das Gift bereits im Blutkreislauf befindet und ein Auspumpen des Magens wirkungslos ist. Die Erkrankung verläuft unter heftigen Schmerzen bei vollem Bewußtsein des Patienten und endet nach 5—10 Tagen gewöhnlich mit dem Tod. Deshalb: Vorsicht vor diesem gefährlichsten aller Pilze, dem schon so viele Menschenleben zum Opfer gefallen sind!

88. Frühlingsknollenblätterpilz

Amanita phalloides subsp. *verna* (BULL. ex FR.) WINTER

lebensgefährlich giftig

Albinistische Abart des Grünen Knollenblätterpilzes, die diesem — mit Ausnahme der Farbe — in allem gleicht. Sehr ähnlich sieht ihm auch der **Kegelige** (Kegelhütige, Spitzkegelige) **Knollenblätterpilz** (*Amanita virosa* LAM. ex SECR). Auch dieser ist wie der Frühlingsknollenblätterpilz ganz weiß, hat aber zum Unterschied von ihm einen spitzig-kegeligen Hut, der in seltenen Ausnahmefällen etwas gelblich angehaucht ist. Beide Pilze sind ebenso giftig wie der Grüne Knollenblätterpilz. Sie sind ganz besonders gefährlich, weil sie von unerfahrenen Pilzsammlern cft mit dem Champignon verwechselt werden. Alle giftigen Knollenblätterpilze haben jedoch immer — auch in der Reifezeit — reinweiße Blätter, während die Blätter des Champignons von den Sporen in der Jugend rötlich bis grau-schokoladefarbig und in der Reife schwarz gefärbt sind. Außerdem hat der Champignon am Stielgrunde keine lose Scheide. Nach diesen Merkmalen kann man den Champignon sehr leicht von den giftigen Knollenblätterpilzen unterscheiden.

Vorkommen und Verbreitung. Den Frühlingsknollenblätterpilz und den Kegeligen Knollenblätterpilz findet man an ähnlichen Plätzen wie den Grünen Knollenblätterpilz.

Praktischer Wert. Beide Pilze sind ebenso lebensgefährlich giftig wie der Grüne Knollenblätterpilz.

89. Fliegenpilz

Fliegenteufel, Fliegenwulstling
Amanita muscaria (L. ex FR.) HOOKER
giftig

Hut 10—20 cm im Durchmesser, feuerrot oder lebhaft rot bis orangefarbig, bei feuchtem Wetter schlüpfrig, bei trockenem glänzend, in der Jugend kugelig, später ausgebreitet und flach. Er ist von weißen warzenähnlichen Hautfetzen bedeckt, die jedoch von starkem Regen abgewaschen werden, so daß sie bei regnerischem Wetter oft nicht vorhanden sind. Blätter weiß, seltener gelblich getönt, gedrängt. Der weiße, 2—2,5 cm dicke Stiel verdickt sich am Grunde knollenförmig und ist hier mit in konzentrischen Ringen angeordneten Warzen verziert. Diese Warzen sind die Reste der Hülle, die den Fruchtkörper in der Jugend umgibt und dann zerreißt, um krustige Hautfetzen zu bilden, die am Hut und am unteren Ende des Stiels haften bleiben. Auf der oberen Hälfte trägt der Stiel einen weißen, seltener etwas gelblichen Ring, der in der Jugend den Hutsaum mit dem Stiel verbindet und das Sporenlager schützt. Fleisch weiß, unterhalb der Huthaut goldgelb, geruchlos und von angenehmem Geschmack. Sporen farblos, glatt, ellipsoid, 10—12× 6—7 μ.

Vorkommen und Verbreitung. Einer der schönsten Pilze unserer Heimat. Sehr häufig in Wäldern aller Art, vor allem aber in Nadelwäldern. Er ist in ganz Europa, im Norden Asiens und in Nordamerika beheimatet und kommt auch in Nordafrika und Australien vor.

Praktischer Wert. Einer der bekanntesten Pilze, der fast in jedem Märchenbuch abgebildet ist. Er gilt für gewöhnlich als Symbol des Bösen, denn er genießt den Ruf eines tödlich giftigen Pilzes. Das ist allerdings nicht ganz richtig. Er ist wohl giftig, aber schwere Vergiftungen mit diesem Pilz kommen nur selten vor. Der Stiel ist (abgesehen von seinem untersten Teil) nur wenig giftig und wird manchenorts auch gegessen. Wir empfehlen ihn aber niemandem, denn das ist, in Anbetracht des großen Speisepilzreichtums der Wälder, völlig überflüssig. In Gebirgswäldern findet man oft auch den ihm nahestehenden **Königsfliegenpilz** (*Amanita regalis*), der sich von ihm durch seine größeren Ausmaße, den lebergelbbraunen Hut, die gelblichen Warzen am Hut und den gelblich gefärbten Stiel unterscheidet. Auch er ist schwach giftig. Den Namen Fliegenpilz führt dieser schöne Pilz deshalb, weil er seit alters her zum Vergiften (manchmal eher zum Betäuben) von Fliegen benutzt wurde, jedoch erfolglos. Die Fliege war nur ein Symbol der „Dämonischen Macht“ des Fliegenpilzes. Dieser Pilz enthält nämlich als Hauptgift Ibotensäure, ein Derivat des Hydroxyisoxazol, das vor allem psychotropische Wirkung hat. Es greift die seelischen Funktionen durch Einwirkung auf das zentrale Nervesystem an, und ruft Haluzinationen hervor. Das Alkaloid Muskarin ist nur in geringen Mengen (ca 0,0002 %) enthalten.

90. Perlpilz

Perlwulstling, Schälpilz

Amanita rubescens (PERS. ex FR.) S. F. GRAY

schmackhafter Speisepilz

Hut 6—16 cm im Durchmesser, rotbraun oder bräunlich (ähnlich wie die Haut einer gebratenen Gans), oft mit dunkleren rötlichen Flecken, in der frühen Jugend zumeist heller bis fast weiß, an der Oberfläche mit unregelmäßigen kleineren, perlartigen, schmutzigweißen oder rötlichen Warzen besetzt, die manchmal flach, manchmal höckerig oder sogar spitzig sind. Blätter zuerst reinweiß, später rötlich getönt und im Alter rötlich oder rotbraun gefleckt, frei, dichtstehend und ziemlich breit. Der Stiel verdickt sich am Grunde zu einer weißen, kegeligen Knolle, die mit einigen Reihen von Warzen verziert und später rot angehaucht ist. Abgesehen von der Knolle ist der Stiel weiß, später im Mittelteil hohl und in der knolligen Basis oft wurmig und fleischrötlich verfärbt. Er trägt auf der oberen Hälfte einen weißen oft rötlichen Ring, der auf der Oberseite für gewöhnlich gerieft ist. Das Fleisch ist weiß oder wässerig-weißlich, später rötlich bis rotbraun, unter der Huthaut nur in der frühen Jugend weiß, dann rotbraun. Der Geschmack des rohen Pilzes ist ziemlich unangenehm; zuerst schmeckt er süßlich, nach einer Weile aber fühlt man ein Kratzen im Hals. Geruch ist fast keiner vorhanden. Sporen ellipsoid, farblos, glatt, 8—9 × 5,5—7 μ.

Vorkommen und Verbreitung. Häufig in Laub- und insbesondere Nadelwäldern fast überall in der nördlichen gemäßigten Zone.

Praktischer Wert. Der frische Pilz ist von ausgezeichnetem Geschmack; getrocknet jedoch ist er nicht gut. Er wird häufig als Zutat zu Fleischspeisen benutzt oder wie panierte Schnitzel zubereitet; auch als Suppenpilz ist er sehr schmackhaft.

Leider sieht dieser köstliche Pilz nicht immer gleich aus; er ändert sein Aussehen nicht nur im Alter, sondern auch unter dem Einfluß des Standortes, so daß manche Mykologen einige selbständige Arten unterscheiden. Außerdem sieht er dem giftigen Pantherpilz (Nr. 91), ziemlich ähnlich, so daß es leicht zu Verwechslungen kommen kann. Man muß daher allen Pilzfreunden empfehlen, diesen Pilz gut kennenzulernen, bevor sie ihn sammeln. Ein sicheres und unfehlbares Merkmal, durch das er sich von allen ähnlichen Arten unterscheidet, ist das Röten des Fleisches, vor allem in der Stielbasis. Alle anderen ähnlichen Wulstlinge haben weißes oder weißliches Fleisch, das sich weder an der Luft noch im Alter rötlich verfärbt.

91. Pantherpilz

Pantherwulstling, Krötenschwamm
Amanita pantherina (D.C. ex FR.) KROMBH.
sehr giftig

Hut 7—12 cm im Durchmesser, hellgelbbraun bis ockergraubraun in der Mitte manchmal dunkler, bei feuchtem Wetter etwas schlüpfrig, bei trockenem glänzend, am Rande gerieft, mit weißen, zumeist in konzentrischen Kreisen angeordneten Warzen besetzt, die vom Regen leicht abgewaschen werden. Die Blätter sind — ähnlich wie bei allen Wulstlingen — weiß, gedrängt und freistehend. Der weiße, 5 bis 20 mm starke Stiel verdickt sich nach unten zu einer schwachentwickelten Knolle; oft ist er jedoch walzenförmig und fast gar nicht verstärkt. Oberhalb der Knolle hat er einen scharfen oder, in der Mehrzahl der Fälle, stumpfen Kragen und weiter oben mehrere Reihen ringförmig angeordneter Schuppen, die oft miteinander verschmelzen. Der Stiel ist glatt, seidig glänzend, verhältnismäßig schlank, 6—15 cm lang, innen bald hohl. Im oberen Drittel trägt er einen zumeist schlaffen, in der Reife herunterhängenden oder schief gestellten, ungereiften Ring. Der Ring kann auch fehlen, da manchmal beim Öffnen des Hutes alle Schleierreste am Hutrand in Form weißlicher Hautfetzen hängenbleiben. Selten ist er stärker entwickelt und hat einen doppelten Rand. Das Fleisch ist weiß (auch unter der Huthaut) und fast geschmack- und geruchslos. Sporen ellipsoid, farblos, glatt, 10—12 × 7—8 μ.

Vorkommen und Verbreitung. In Laub-, seltener in Nadelwäldern der ganzen nördlichen gemäßigten Zone. Er wächst sowohl im Tiefland als auch im Gebirge, tritt jedoch in manchen Gegenden häufiger, in anderen wiederum seltener auf.

Praktischer Wert. Einer der gefährlichsten Giftpilze, der oftmals mit dem eßbaren Perlpilz und noch häufiger mit dem ebenfalls eßbaren, aber weniger guten Ganzgrauen Wulstling *(Amanita spissa)* verwechselt wird. Zum Unterschied vom Gift des Grünen Knollenblätterpilzes wirkt das Gift des Pantherpilzes sehr schnell. Oft treten bereits eine halbe Stunde nach dem Genuß des Pilzgerichtes Verdauungsbeschwerden, begleitet von einem rauschähnlichen Zustand, auf. Dies ist eine Folge des im Pantherpilz enthaltenen Mycoatropins, das auf die Großhirnrinde wirkt. Tödliche Vergiftungen kommen nur selten vor. Der giftige Pantherpilz unterscheidet sich von den zwei ähnlichen eßbaren Wulstlingen — dem Perlpilz und dem Ganzgrauen Wulstling —, abgesehen von anderen Merkmalen, auch durch den schwach entwickelten, nicht gerieften Ring.

92. **Ganzgrauer Wulstling**
Gedrungener Wulstling, Grauer Perlpilz
Amanita spissa (FR.) OPIZ
eßbar

Hut bis 20 cm im Durchmesser, grau, aschgrau, eher dunkler als hell, ziemlich unregelmäßig mit verschieden großen, weißlichen, manchmal konzentrische Kreise bildenden Warzen bedeckt. Bei Feuchtigkeit etwas schlüpfrig, bei trockenem Wetter glänzend. Blätter weiß, gedrängt, freistehend. Der Stiel ist unten etwas knollig verdickt. Auf der Knolle, deren unterer Teil sich kegelförmig verjüngt, befinden sich zumeist ein oder zwei von Warzen gebildete undeutliche Kreise. Der 2—4½ cm dicke weiße Stiel trägt in der oberen Hälfte einen schief abstehenden, weißen, auf der Oberseite auffällig gerieften Ring. Oberhalb des Ringes ist der Stiel mitunter graulich. Fleisch weiß, unter der Huthaut mit einem Stich ins Graue. Geruch und Geschmack schwach nach Erde oder Rettich. Sporen fast eiförmig, glatt, farblos, 9—10 × 7—8 μ.

V o r k o m m e n und V e r b r e i t u n g. Im Sommer und Herbst zumeist in Gruppen in Nadel-, seltener in Laubwäldern. Der Ganzgraue Wulstling ist einer unserer häufigsten Pilze und der bei uns verbreitetste Wulstling. Er ist in der ganzen nördlichen gemäßigten Zone und in Australien beheimatet.

P r a k t i s c h e r W e r t. Eßbarer Pilz von mittlerer Qualität. Frisch zubereitet, ist er nicht besonders schmackhaft, getrocknet aber kann man ihn in der Küche gut verwenden. Trotzdem sollte man ihn meiden, da er leicht mit dem giftigen Pantherpilz verwechselt werden kann. Der giftige Pantherpilz unterscheidet sich von ihm durch die braune Farbe seines Hutes, den dünneren, auf der Oberseite nicht gerieften Ring und durch die unterschiedliche Form der Knolle, die bei dem giftigen Doppelgänger mit einem hervorspringenden, scharfen oder stumpfen, fast immer aber deutlichen Wall umgeben ist. Den eßbaren Perlpilz erkennt man an der unterschiedlichen Hutfarbe und vor allem am rötenden Fleisch, eine Erscheinung, die insbesondere bei älteren Exemplaren sehr auffallend ist. Der Ganzgraue Wulstling hat nie auch nur den geringsten rötlichen Ton. Hut und Stiel (auch wenn der Stiel etwas anders gefärbt ist) sind immer mehr oder weniger grau, ohne jegliche rote oder gelbe Beimischung.

93. Gelblicher Knollenblätterpilz

Amanita citrina (SCHAEFF.) ex ROQUES
u n g e n i e ß b a r

Der im Durchmesser 5—8 cm große Hut ist blaßgrüngelb bis zitronengelb, bleicht aber oft aus und wird dann manchmal sogar weiß; auf der Huthaut sind verschieden große weiße, bräunliche oder graue Hüllfetzen unregelmäßig verstreut, die aber auf der bei feuchtem Wetter schlüpfrigen Oberfläche nicht sehr fest haften und daher vom Regen leicht weggespült werden. Die weißen Blätter stehen dicht beisammen. Der Stiel ist von gleicher Farbe wie der Hut oder etwas heller, in der Regel glatt oder mit unauffälligen, filzigen Schuppen spärlich bedeckt. Er verdickt sich an der Basis zu einer auffallenden, weichen, halbkugeligen, unten abgerundeten Knolle, die von einer festgewachsenen Scheide umhüllt ist; nur oben steht sie ein wenig von der Knolle ab, deren oberen Rand sie mit einem niedrigen Kragen umsäumt. Der am Stiel befindliche Ring ist blaßgelb, dünnhäutig, aber zumeist ziemlich hoch, in der Reife schlaff und am Stiel angeklebt. In der Jugend ist er als häutiger Schleier zwischen Hutrand und Stiel ausgespannt und schützt lange Zeit das Sporenlager. Das weiße Feisch riecht widerlich nach alten rohen Kartoffeln. Der Geschmack ist anfangs unauffällig, nach einer Weile aber unangenehm. Sporen kugelig, 7—10 μ im Durchmesser.

Vorkommen und Verbreitung. Sehr häufig im Sommer und Herbst vor allem auf Kalkböden in Laub-, seltener in Nadelwäldern. Der Gelbliche Knollenblätterpilz ist über die ganze nördliche gemäßigte Zone und Australien verbreitet.

Praktischer Wert. Ein unschädlicher Pilz, der lange für sehr giftig gehalten wurde. Wegen seines unangenehmen Geruchs und Geschmacks ist er allerdings ungenießbar. Der stattliche Pilz kann leicht mit dem unheilvollen, tödlich giftigen Grünen Knollenblätterpilz verwechselt werden.

94. Scheidenstreifling

Ringloser Wulstling

Amanita vaginata (BULL. ex FR.) VITT.

Amanitopis vaginata (BULL. ex FR.) ROZE

eßbar

Hut 4—12 cm im Durchmesser, zumeist glatt, ohne Warzen oder nur mit einem großen oder einigen kleineren, weißen Hüllresten bedeckt, in der Jugend eiförmig, bald jedoch flach ausgebreitet, in der Mitte gebuckelt, am Rande auffallend strahlenförmig gerieft, dünn und zerbrechlich. Seine Farbe ist sehr veränderlich. Zumeist ist er grau, graubraun oder braun; verschiedene Spielarten weisen aber auch andere Farben auf (z. B. orange, weiß, grauviolett, gelb oder ockergelb). Blätter weiß, weich, am Stiel nicht angewachsen. Stiel schlank, 10 bis 15 mm stark und 10—15 cm lang, weiß oder in der Farbe des Hutes schwach getönt, glatt oder etwas flockig bis ringförmig-schuppig und unregelmäßig zerrissen, später rohrartig hohl. Die fast unmerklich verdickte Stielbasis befindet sich in einer ziemlich hohen, weißen, am Ende lappig zerrissenen Scheide. Diese ist der Rest der Hülle, die in der Jugend — wie die Schale das Ei — den Fruchtkörper umgibt. Ein Ring am Stiel ist nicht vorhanden. Das Fleisch ist weiß oder weißlich, mürbe und dünn, von angenehmem Geschmack und fast geruchlos. Sporen rund, glatt, farblos, 9—12 μ im Durchmesser.

Vorkommen und Verbreitung. Häufig im Sommer und Herbst sowohl in Laub- als auch Nadelwäldern. Der Scheidenstreifling ist über die ganze nördliche gemäßigte Zone verbreitet und wächst auch in Australien. Seine Heimat reicht bis weit in den Norden; er wächst in Grönland, Lappland, im nördlichen Kanada, in Nordsibirien und auch in Island. Man findet ihn sowohl im Tiefland als auch im Hochgebirge, wo er oft auch in der Krummholzzone vorkommt.

Praktischer Wert. In kleinen Mengen eßbarer, aber dünnfleischiger und daher wenig ausgiebiger Pilz. Infolge seiner Zerbrechlichkeit ist er für den Transport ungeeignet. Zumeist findet man Fruchtkörper mit grauem, graubraunem oder braunem Hut. Von anderen Spielarten begegnet man häufig vor allem in Gebirgswäldern Pilzen mit orangegrauem Hut (var. *fulva* SCHAEFF.).

Verzeichnis der wissenschaftlichen Pilznamen

Die erste Zahl hinter dem Pilznamen gibt die N u m m e r der Pilzabbildung, die zweite Zahl in Kursivschrift die S e i t e der Pilzbeschreibung an.

Deutsches Namenverzeichnis

Die erste Zahl hinter dem Pilznamen gibt die Nummer der Pilzabbildung und die zweite Zahl in Kursivschrift die Seite der Pilzbeschreibung an.

BILDTEIL

1. **Speisemorchel**
Morchella esculenta (L. ex FR.) PERS.
eßbar

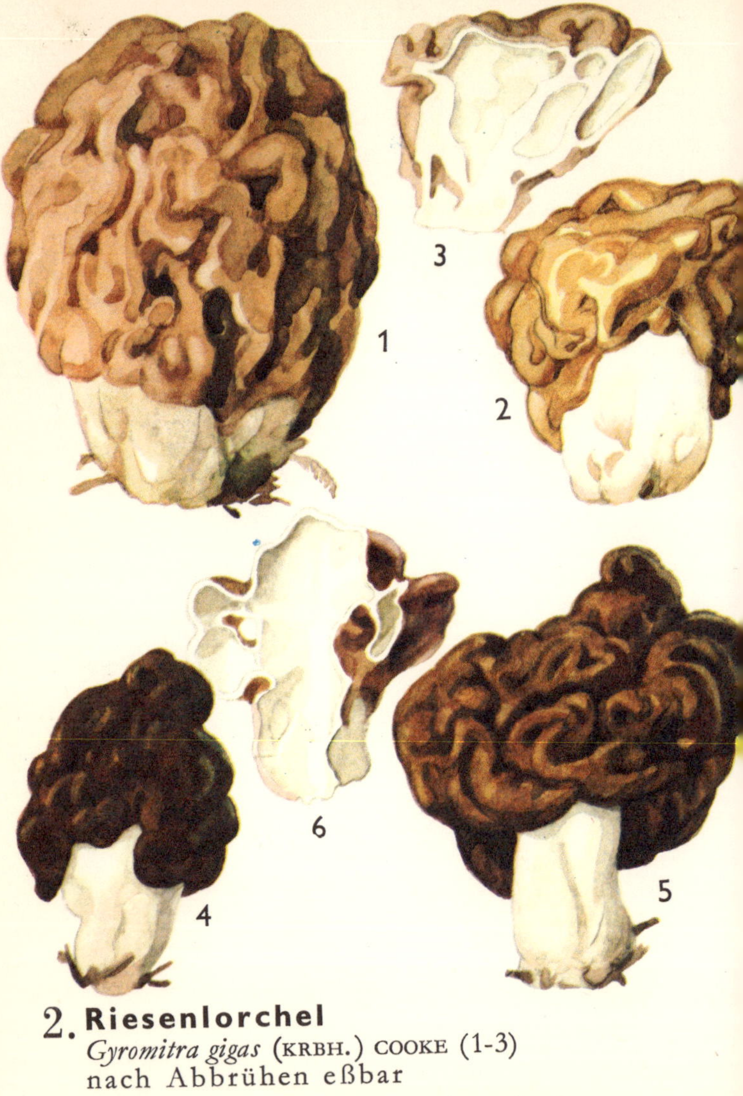

2. Riesenlorchel
Gyromitra gigas (KRBH.) COOKE (1-3)
nach Abbrühen eßbar

3. Gift- oder **Frühlingslorchel**
Gyromitra esculenta (PERS. ex FR.) FR. (4-6) giftig

4. **Gemeiner** oder **Dickschaliger Kartoffelbovist**
Scleroderma aurantium (L.) ex PERS. giftig

5. **Flaschenbovist** oder **Flaschenstäubling**
Lycoperdon perlatum PERS.
schmackhafter Speisepilz

6. **Stinkmorchel**
Phallus impudicus L. ex PERS.
ungenießbar

7.

Rötlicher Korallenpilz, Hahnenkamm

Clavaria botrytis FR.

eßbar

8

8. **Schöner Korallenpilz, Schöner Ziegenbart**

Clavaria formosa FR.

ungenießbar

(Fruchtkörper rechts unten)

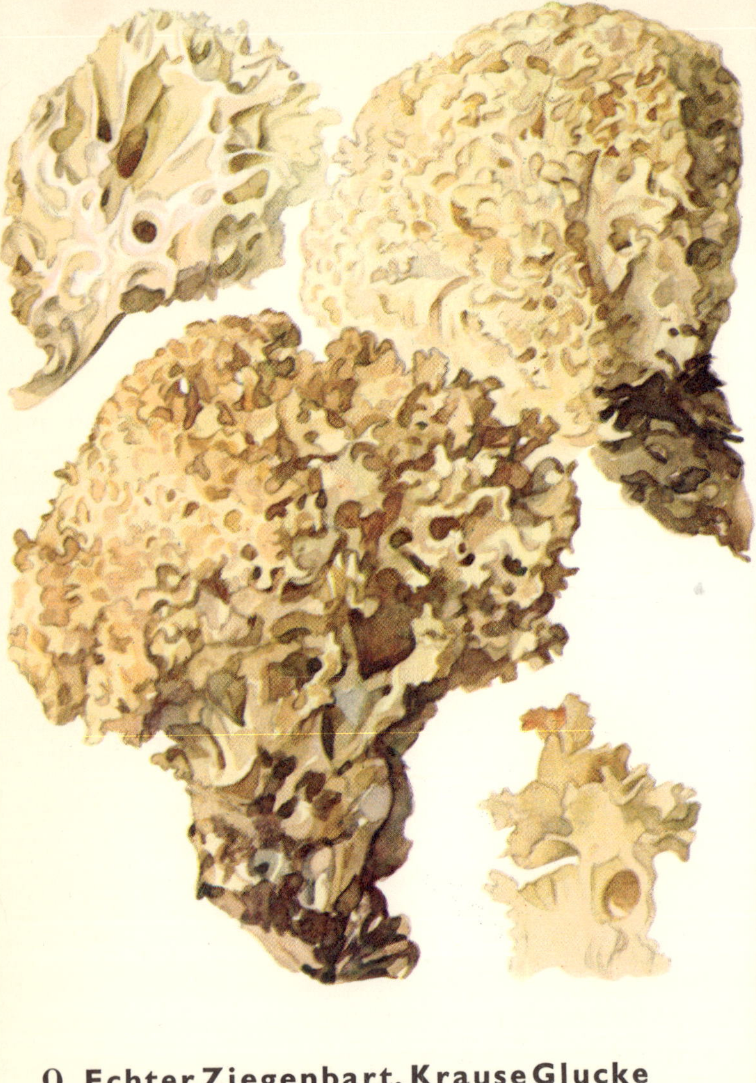

9. Echter Ziegenbart, Krause Glucke
Sparassis crispa (WULF. ex FR.) FR.
vorzüglicher Speisepilz

10. **Totentrompete**
Craterellus cornucopioides (L. ex FR.) PERS.
eßbar

11. **Habichtspilz, Rehfellchen**
Hydnum imbricatum L. ex FR.
eßbar

12. **Semmelstoppelpilz**
Dentinum repandum (L. ex FR.) S. F. GRAY
eßbar

13. **Schafeuter** oder **Schafporling**
Albatrellus ovinus (SCHAEFF. ex FR.) KOTL. et POUZ. eßbar

14. **Semmelpilz** oder **Semmelporling**
Albatrellus confluens (ALB. et SCHW. ex FR.) KOTL. et POUZ.
nicht schmackhaft (Pilzbüschel unten)

15. **Goldröhrling, Schöner Röhrling**
Suillus elegans (SCHUM. ex FR.) SNELL
ausgezeichneter Speisepilz

16. Butterpilz, Schleimchen
Suillus luteus (L. ex FR.) S. F. GRAY
ausgezeichneter Speisepilz

17. **Körnchenröhrling, Schmerling, Schälpilz**
Suillus granulatus (L. ex FR.) O. KUNTZE
ausgezeichneter Speisepilz

18. **Pfefferröhling**
Suillus piperatus (BULL. ex FR.) O. KUNTZE eßbar

19. Sandpilz, Hirsepilz
Suillus variegatus (SW. ex FR.) O. KUNTZE
eßbar

20. **Rotfußröhrling**
Xerocomus chrysenteron (BULL. ex MERAT) QUÉL.
eßbar

21. **Ziegenlippe, Filzröhrling**
Xerocomus subtomentosus (L. ex FR.) QUÉL.
schmackhafter Speisepilz

22. Maronenröhrling, Braunhäuptchen
Xerocomus badius (FR.) KÜHNER et GILBERT
schmackhafter Speisepilz

23. **Gelber Birkenröhrling**
Leccinum nigrescens (RICHON et ROZE) SING.
schmackhafter Speisepilz

24. **Rothäuptchen, Rotkappe**
Leccinum aurantiacum (BULL. ex FR.) S. F. GRAY
schmackhafter Speisepilz

25. **Birkenpilz, Kapuziner**
Leccinum scabrum (BULL. ex FR.) S. F. GRAY (1-4)
schmackhafter Speisepilz

26. **Weißbuchenröhrling**
Leccinum rugosum (FR.) PILÁT (5-7)
schmackhafter Speisepilz

27. **Dickfußröhrling, Bitterschwamm**
Boletus calopus FR.
ungenießbar

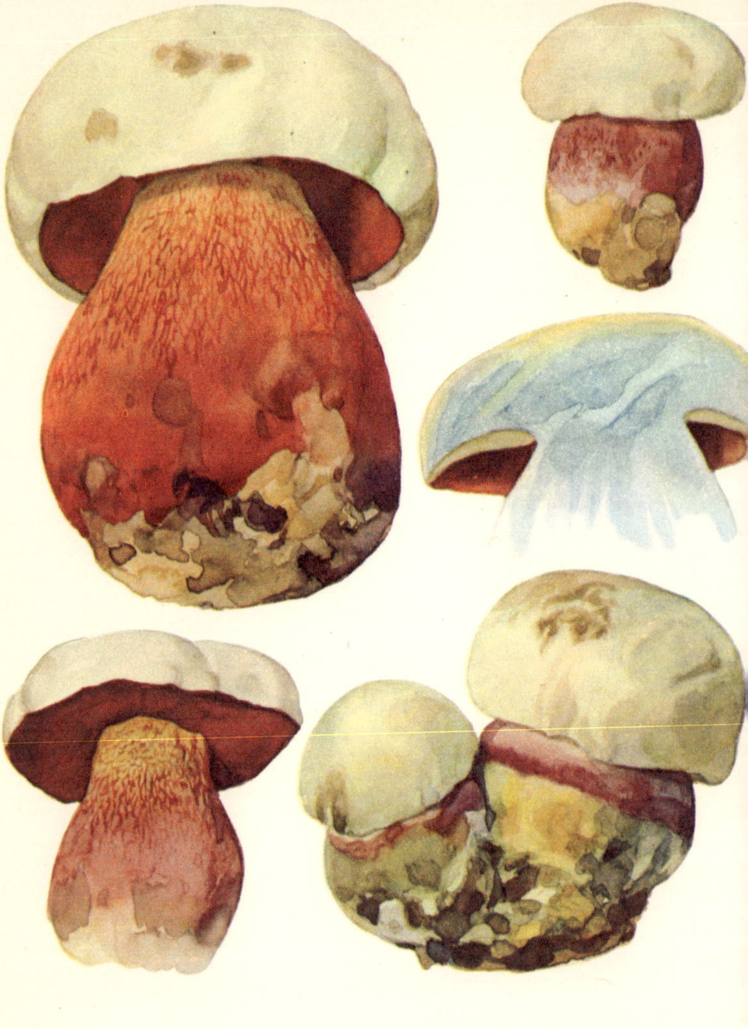

28. Satanspilz
Boletus satanas LENZ
giftig

29. Flockenstieliger Hexenpilz, Schusterpilz, Samtkappe

Boletus erythropus (FR. ex FR.) PERS. eßbar

30. **Netzstieliger Hexenpilz**
Boletus luridus SCHAEFF. ex FR.
eßbar

31. Königspilz, Königsronrling
Boletus regius KROMBHOLZ (1-3)
vorzüglicher Speisepilz

32. Anhängselröhrling
Boletus appendiculatus SCHAEFF. ex FR. (4-6)
vorzüglicher Speisepilz

33. **Purpurroter Röhrling**
Boletus purpureus FR.
giftig

34. Steinpilz, Eichensteinpilz, Herren- oder **Edelpilz**

Boletus edulis BULL. ex FR., var. *aestivalis* (PAULET) QUÉL.

ausgezeichneter Speisepilz

35. **Gallenröhrling**
Tylopilus felleus (BULL. ex FR.) KARST.
ungenießbar

36. Kahler Krempling, Empfindlicher Krempling
Paxillus involutus (BATSCH ex FR.) FR.
eßbar, aber minderwertig

37. **Kuhmaul, Großer Keilpilz, Großer Schmierling**
Gomphidius glutinosus (SCHAEFF. ex FR.) FR.
schmackhafter Speisepilz

38. Frühlingsellerling
Hygrophorus marzuolus (FR.) BRES.
eßbar

39. Lärchenschneckling
Hygrophorus lucorum KALCHBR. eßbar

40. Frostschneckling
Hygrophorus hypothejus (FR.) FR.
eßbar

41. Grasgrüner Täubling
Russula aeruginea LINDBL. ap. FR.
eßbar

42. **Speisetäubling**
Russula vesca FR.
ausgezeichneter Speisepilz

43. **Braunroter Ledertäubling**
Russula integra (L. ex VITT.) FR. sensu R. MAIRE, non SING.
eßbar

44. Heringstäubling, Bereifter Täubling
Russula xerampelina (SCHAEFF. ex SECR.) FR.
eßbar

45. **Violettgrüner Täubling, Frauentäubling**

Russula cyanoxantha (SCHAEFF. ex SCHW.) FR.

ausgezeichneter Speisepilz

46. **Grünschuppiger** oder **Grünlicher Täubling**
Russula virescens (SCHAEFF. ex ZANTED.) FR.
ausgezeichneter Speisepilz

47. **Brätling, Brotpilz**
Lactarius volemus (FR.) FR.
eßbar

48. **Rotbrauner Milchling**
Lactarius rufus (SCOP. ex FR.) FR.
ungenießbar

49. Echter Reizker, Edelreizker
Lactarius deliciosus (L. ex FR.) S. F. GRAY
ausgezeichneter Speisepilz

50. Birkenreizker

Lactarius torminosus (SCHAEFF. ex FR.) S. F. GRAY

ungenießbar

51. **Pfeffermilchling**
Lactarius piperatus (L. ex FR.) S. F. GRAY
eßbar

52. Violetter Ritterling
Lepista nuda (BULL. ex FR.) W. G. SMITH
schmackhafter Speisepilz

53. **Austernseitling**
Pleurotus ostreatus (JACQU. ex FR.) KUMMER
eßbar

54. **Purpurfilziger Seitling, Purpurfilziger Ritterling**
Tricholomopsis rutilans (SCHAEFF. ex FR.) SINGER
ungenießbar

55. Maipilz, Mairitterling, Georgi-Ritterling

Calocybe georgii (CLUS. ex FR.) KÜHN

vorzüglicher Speisepilz

56. Seifenritterling
Tricholoma saponaceum (FR.) QUÉL.
ungenießbar

57. Erdritterling, Graublättriger Ritterling
Tricholoma terreum (SCHAEFF. ex FR.) QUÉL. eßbar

58. Grünling, Echter Ritterpilz
Tricholoma flavovirens (PERS. ex FR.) LUNDELL.
schmackhafter Speisepilz

59. Grauer Ritterling, Schneepilz
Tricholoma portentosum (FR.) QUÉL.
schmackhafter Speisepilz

60. Echter Pfifferling, Eierschwamm
Cantharellus cibarius FR.
schmackhafter Speisepilz

61. Falscher Pfifferling
Hygrophoropsis aurantiaca
(WULF. ex FR.) R. MAIRE ap. MARTIN-SANS
eßbar, aber nicht schmackhaft

62. Rettichhelmling, Reiner Helmling
Mycena pura (PERS. ex FR.) KUMMER eßbar

63. Fuchsroter Trichterling
Clitocybe inversa (SCOP. ex FR.) QUÉL.
eßbar, aber minderwertig

64. Graukappe, Nebelgrauer Trichterling

Clitocybe nebularis (BATSCH. ex FR.) QUÉL.

eßbar, aber nicht schmackhaft

65. Hallimasch

Armillaria mellea (VAHL. in FL. DAN. ex FR.)

eßbar

66. **Nelkenschwindling**
Marasmius oreades (BOLT. ex FR.) FR.
schmackhafter Speisepilz

67 **Butterrübling, Kastanienroter Rübling**
Collybia butyracea (BULL. ex FR.) QUÉL. eßbar

68. **Gemeiner Rübling, Waldfreundrübling**
Collybia dryophila (BULL. ex FR.) QUÉL. eßbar

69. **Spindeliger Rübling**
Collybia fusipes (BULL. ex FR.) QUÉL.
eßbar

70. Samtfußrübling, Winterling
Flammulina velutipes (CURT. ex FR.) SINGER
eßbar

71. **Rötlicher Bläuling, Lackbläuling, Lacktrichterling**
Laccaria laccata (SCOP. ex FR.) BERK. et BR. eßbar

72. **Violetter Bläuling**
Laccaria amethystina (BOLT. ex FR.) BERK. et BR. eßbar

73. Moosling, Rosablättriger Krempling
Clitopilus prunulus (SCOP. ex FR.) KUMMER eßbar

74. Mairißpilz, Ziegelroter Faserkopf
Inocybe patouillardii BRES.
sehr giftig

75. Ziegelgelber Schleierpilz, Bunter Schleimkopf

Cortinarius varius (SCHAEFF. ex FR.) FR.

eßbar

76. **Frühlingsrötling, Schildrötling**
Entoloma clypeatum (L. ex FR.) QUÉL.
eßbar

77. Riesenrötling, Bleicher Rötling
Entoloma sinuatum (BULL. ex FR.) KUMMER
sehr giftig

78. **Stockschwämmchen, Stockschüppling**
Kuehneromyces mutabilis (SCHAEFF. ex FR.) SING. et SMITH schmackhafter Speisepilz

79. Runzelschüppling, Zigeunerpilz
Rozites caperata (PERS. ex FR.) KARST.
eßbar

80. Ziegelroter Schwefelkopf
Naematoloma sublateritium (FR.) KARST. ungenießbar

81. Grünblättriger Schwefelkopf
Naematoloma fasciculare (HUDS. ex FR.) KARST.
ungenießbar

82. **Wiesenchampignon, Feldchampignon, Feldegerling**

Agaricus campestris L. ex FR.

schmackhafter Speisepilz

83. **Echter Waldegerling**
Agaricus silvaticus SCHAEFF. ex SECR. SS. KRBH.
eßbar

84. Schafchampignon, Anisegerling
Agaricus arvensis SCHAEFF. ex FR.
vorzüglicher Speisepilz

85. **Parasolpilz, Großer Schirmling**
Macrolepiota procera (SCOP. ex FR.) SINGER
eßbar

86. **Rötender Schirmling**
Macrolepiota rhacodes (VITT.) SINGER.
eßbar

87. **Grüner Knollenblätterpilz, Grüner Wulstling**
Amanita phalloides (VAILL. ex FR.) SECR.
lebensgefährlich giftig

88. **Frühlingsknollenblätterpilz**
Amanita phalloides subsp. *verna* (BULL. ex FR.) WINTE
lebensgefährlich giftig

89. Fliegenpilz, Fliegenwulstling
Amanita muscaria (L. ex FR.) HOOKER
giftig

90. Perlpilz, Perlwulstling
Amanita rubescens (PERS. ex FR.) S. F. GRAY
schmackhafter Speisepilz

91. Pantherpilz
Amanita pantherina (D. C. ex FR.) KROMBH.
sehr giftig

92. **Ganzgrauer Wulstling**
Amanita spissa (FR.) OPIZ
eßbar